我·的·第·一·套·百·科·全·书

海洋生命

HAIYANG SHENGMING

青少科普编委会 编著

吉林出版集团 Jilin Publishing Group | 吉林科学技术出版社 JiLin Science&Technology Publishing House

图书在版编目（CIP）数据

海洋生命/青少科普编委会编著. —长春：吉林科学技术出版社，2012.1（2019.1重印）
ISBN 978-7-5384-5563-2

Ⅰ.①海… Ⅱ.①青… Ⅲ.①海洋生物－青年读物②海洋生物－少年读物 Ⅳ.①Q178.53-49

中国版本图书馆CIP数据核字（2011）第277193号

编　　著　青少科普编委会
出 版 人　李　梁
特约编辑　怀　雷　刘淑艳　仲秋红
责任编辑　赵　鹏　潘竞翔
封面插画　长春茗尊平面设计有限公司
封面设计　长春茗尊平面设计有限公司
制　　版　长春茗尊平面设计有限公司
开　　本　710×1000　1/16
字　　数　150千字
印　　张　10
版　　次　2012年3月第1版
印　　次　2019年1月第13次印刷

出　　版　吉林出版集团
　　　　　吉林科学技术出版社
发　　行　吉林科学技术出版社
地　　址　长春市人民大街4646号
邮　　编　130021
发行部电话 / 传真　0431-85635177　85651759　85651628
　　　　　　　　　85677817　85600611　85670016
储运部电话　0431-84612872
编辑部电话　0431-85630195
网　　址　http://www.jlstp.com
印　　刷　北京一鑫印务有限责任公司

书　　号　ISBN 978-7-5384-5563-2
定　　价　22.00元

前言 QIANYAN

蔚蓝壮阔的海洋是生命的摇篮，孕育了万千生命。在神秘的海洋里，生活着最古老、最绚丽、最奇特的生物。本书文字简洁易懂，标注拼音，插图精美生动，向小读者展示了一个奇妙的海洋生物世界。你是否渴望探索神秘的海底世界？是否期待与海洋动物零距离接触？如果你已经心动，就赶快与我们一起进行一次奇妙的海洋之旅吧！

蓝色生命王国

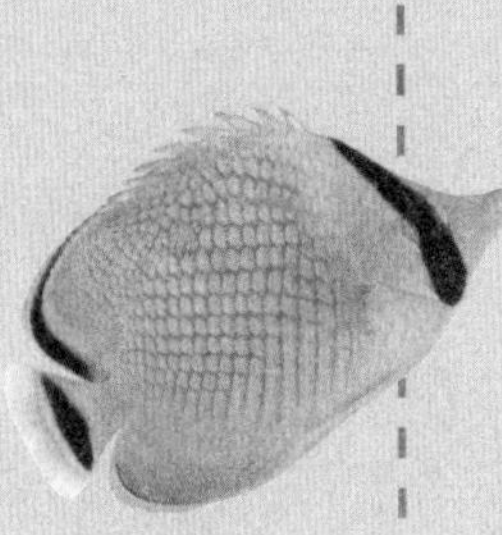

海洋植物

古老海洋动物

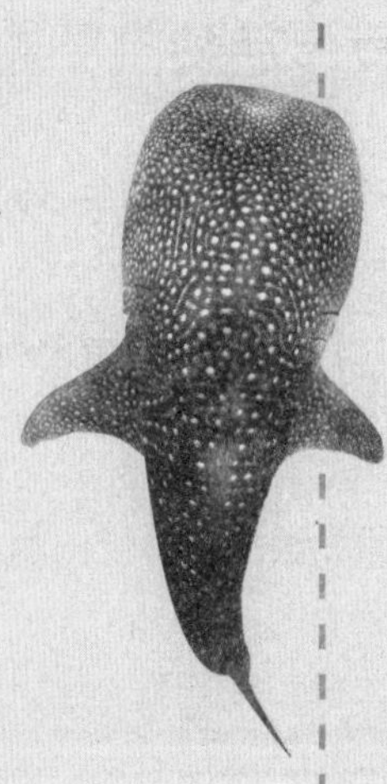

海洋哺乳动物

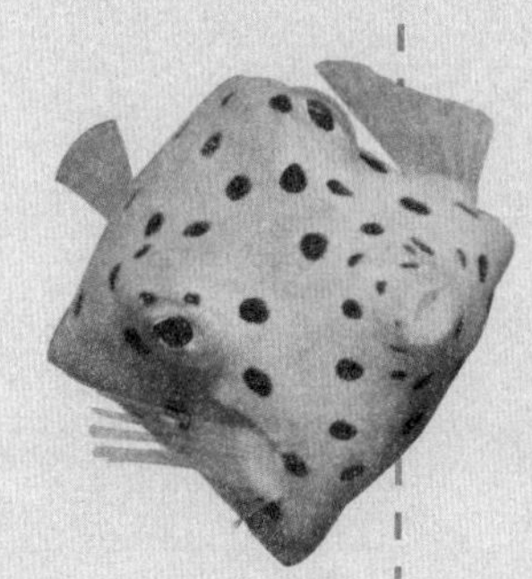

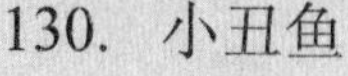

海洋鱼类

海洋爬行动物

蓝色生命王国

浩瀚的海洋是孕育生命的摇篮。从海洋中出现最原始的生命开始，到现在已经有40多亿年的历史了。从最初的单细胞生物到地球上现存的最长、最重的庞然大物，几十亿年的生命演化过程，创造出了丰富多彩的海洋生物世界。

hǎi yángshēngmìng qǐ yuán
海洋生命起源

shēng jī bó bó de hǎi yáng shì shēngmìng de yáo lán dào chù dōu yǒushēngmìng de zōng jì rú
生机勃勃的海洋是生命的摇篮，到处都有生命的踪迹。如
guǒ méi yǒu shuǐ jiù bù huì yǒu shēngmìng dì qiú shang zuì zǎo de shēngmìng jiù dànshēng zài hǎi yáng
果没有水，就不会有生命，地球上最早的生命就诞生在海洋
lǐ mù qián hǎi yángshēng wù dà yuē yǒu wànzhǒng qí zhōng hǎi yángdòng wù yuē wànzhǒng
里。目前，海洋生物大约有20万种，其中，海洋动物约17万种。

yuán shǐ de hǎi yáng
原始的海洋

dì qiú xíngchénghòu hěn jiǔ cái chū xiàn hǎi yáng dàn shì yuán shǐ de hǎi yángbìng bù shì jīn
地球形成后，很久才出现海洋。但是，原始的海洋并不是今
tiān wǒ men kàn dào de zhè gè yàng zi hǎi yáng lǐ méi yǒushēngmìng ér qiě hǎi yáng fēi chángxiǎo shèn
天我们看到的这个样子。海洋里没有生命，而且海洋非常小，甚
zhì hái méi yǒu yī piàn hú pō dà ne
至还没有一片湖泊大呢！

zài jīng guò dì zhèn huǒshānpēn fā xiànxiànghòu dì qiú shàngchūxiàn le hǎi yáng
▲在经过地震、火山喷发现象后，地球上出现了海洋

shēngmìngdànshēng
生命诞生

dà yuē yì niánqián yī zhǒng fēi cháng wēi xiǎo de yuán shǐ xì bāo zài yuán shǐ de hǎi yángzhōngchū xiàn tā jiù shì dì qiú shang zuì zǎo de shēng wù cóng cǐ dì qiú kāi shǐ le shēngmìng de jìn chéng zhú jiàn chū xiàn le xíngxíng sè sè de zhí wù hé dòng wù shì jiè kāi shǐ biàn de fēng fù qǐ lái
大约36亿年前，一种非常微小的原始细胞在原始的海洋中出现，它就是地球上最早的生物。从此，地球开始了生命的进程，逐渐出现了形形色色的植物和动物，世界开始变得丰富起来。

shēngmìng de yáo lán
生命的摇篮

hǎi yáng shì yī qiè shēngmìng de yáo lán shuǐ shì shēngmìng huódòng de zhòngyàochéng fèn lìng wài hé lù dì xiāng bǐ hǎi yáng de biàn huà hěn xiǎo méi yǒu gān hàn wēn dù biàn huà bù dà fēng yǔ duì tā yǐngxiǎng yě xiǎo tā hái kě yǐ yù fáng zǐ wài xiàn de shāng hài yuán shǐ shēngmìng zài hǎi yáng lǐ gèngróng yì shēngcún

海洋是一切生命的摇篮。水是生命活动的重要成分。另外，和陆地相比，海洋的变化很小，没有干旱，温度变化不大，风雨对它影响也小。它还可以预防紫外线的伤害，原始生命在海洋里更容易生存。

liáo kuò de hǎi yáng
▲ 辽阔的海洋

dà xī yáng
◀ 大西洋

小知识

dì qiú shang de dà yáng wéi sì dà yáng tài píng yáng dà xī yáng yìn dù yáng hé běi bīngyáng

地球上的大洋为四大洋：太平洋、大西洋、印度洋和北冰洋。

shēng wù xué jiā dá ěr wén
生物学家达尔文

shì jì yīng guó jié chū de shēng wù xué jiā dá ěr wén zhǎodào le shēng wù fā zhǎn de guī lǜ chéngwéi jìn huà lùn de diàn jī rén tā de zhù zuò wù zhǒng qǐ yuán duì jìn dài shēng wù kē xuéchǎnshēng le jù dà ér shēnyuǎn de yǐng xiǎng jù yǒu huà shí dài de yì yì

19世纪英国杰出的生物学家达尔文，找到了生物发展的规律，成为进化论的奠基人，他的著作《物种起源》对近代生物科学产生了巨大而深远的影响，具有划时代的意义。

dá ěr wén
▶ 达尔文

hǎi yángshēngmìng jìn huà

海洋生命进化

dāngyuán shǐ shēngmìng dànshēng zhī hòu jīng guò shí jǐ yì nián de yǎn huà fā zhǎn hǎi yángzhōng
当原始生命诞生之后，经过十几亿年的演化发展，海洋中
de zhí wù hé dòng wù fā shēng le jù dà de biàn huà rú jīn cóng wēi xiǎo de fú yóushēng wù dào
的植物和动物发生了巨大的变化。如今，从微小的浮游生物到
jù dà de lán jīng dōushēngcún zài hǎi yáng lǐ zài zhè màncháng de rì zi lǐ tā men shì zěn me
巨大的蓝鲸都生存在海洋里。在这漫长的日子里，它们是怎么
jìn huà de ne
进化的呢？

yuán shǐ xì bāo

原始细胞

dāng lù dì shang hái shì yī piànhuāng wú shí zài páo xiào de hǎi
当陆地上还是一片荒芜时，在咆哮的海
yáng lǐ jiù kāi shǐ dànshēng le shēngmìng zuì yuán shǐ de xì bāo
洋里就开始诞生了生命——最原始的细胞。
qí jié gòu hé xiàn dài xì jūn hěnxiāng sì dà yuē jīng guò le yì nián
其结构和现代细菌很相似。大约经过了1亿年
de jìn huà yuán shǐ xì bāo zhú jiàn yǎn biànchéng wéi yuán shǐ de dān xì
的进化，原始细胞逐渐演变成为原始的单细
bāo zǎo lèi
胞藻类。

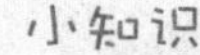
小知识

hǎi yáng shēng wù jīng
海洋生物经
shòu le màn cháng ér yán kù
受了漫长而严酷
de kǎo yàn zhú bù shì yìng
的考验，逐步适应
le huán jìng dé dào fā zhǎn
了环境，得到发展。

hǎi yángshēng wù chū xiàn

海洋生物出现

yuán shǐ de dān xì bāo zǎo lèi jīng lì le yì wàn nián de jìn
原始的单细胞藻类经历了亿万年的进
huà chǎnshēng le yuán shǐ shuǐ mǔ hǎi mián sān yè chóng gé
化，产生了原始水母、海绵、三叶虫、蛤
lèi yīng wǔ luó hé shān hú děng tā men yǒu de zài hǎi yáng lǐ
类、鹦鹉螺和珊瑚等。它们有的在海洋里
jìn huà yǒu de zài hǎi yáng lǐ miè jué yǒu de shēngcún zhì jīn
进化，有的在海洋里灭绝，有的生存至今。

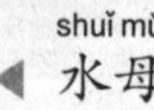
shuǐ mǔ
水母

hǎi yángshēng wù dēngshàng lù dì
海洋生物登上陆地

dà yuē shì zài yì niánqián hǎi yáng
大约是在4亿年前，海洋
zhōngchū xiàn le yú lèi hòu lái yóu yú zhǎng
中出现了鱼类。后来由于涨
cháo tuì cháo hǎi yángzhōng de mǒu xiē shēng wù
潮退潮，海洋中的某些生物
jīngshòu le duàn liàn lìng wài chòu yǎngcéng
经受了锻炼。另外，臭氧层
de xíngchéng bì miǎn le zǐ wài xiàn de shāng
的形成，避免了紫外线的伤
hài shǐ yuánxiān qī xī zài hǎi yángzhōng de yī bù fen shēng wù dēngshàng lù dì
害，使原先栖息在海洋中的一部分生物登上陆地。

yú lèi yuē zài yì niánqián chū xiàn zài hǎi yángzhōng
▲鱼类约在4亿年前出现在海洋中

hǎi yáng dà jiā tíng
海洋大家庭

dà yuē zài yì niánqián pá xíng lèi liǎng qī lèi hé niǎo lèi chū xiàn le suǒ yǒu de bǔ rǔ
大约在2亿年前，爬行类、两栖类和鸟类出现了，所有的哺乳
dòng wù yě dōu zài lù dì shangdànshēng tā men de yī bù fen yòu huí dào le hǎi yángzhōng cǐ hòu
动物也都在陆地上诞生，它们的一部分又回到了海洋中。此后，
gēng jiā fēng fù de zhí wù hé dòng wù zài hǎi yángzhōngchū xiàn zhí zhì jīn tiān
更加丰富的植物和动物在海洋中出现，直至今天。

gè zhǒng hǎi yángdòng wù zǔ chéng le yī gè páng dà de dà jiā tíng
▼各种海洋动物组成了一个庞大的大家庭

hǎi yángshēng tài huán jìng

海洋生态环境

shēng wù yī lài yú huán jìng huán jìng yǐngxiǎngshēng wù de shēngcún hé fán yǎn shēngmìng qǐ
生物依赖于环境，环境影响生物的生存和繁衍。生命起
yuán yú hǎi yáng měi lì de hǎi yáng bù jǐn shì shēngmìng de yáo lán hái shì yī zuò jù dà de bǎo
源于海洋，美丽的海洋不仅是生命的摇篮，还是一座巨大的宝
kù wǒ men měi gè rén dōu yīng gāi hǎo hāo bǎo hù hǎi yángshēng tài huán jìng shǐ hǎi yáng biàn de gēng
库，我们每个人都应该好好保护海洋生态环境，使海洋变得更
jiā měi lì
加美丽。

kōngtiáo qì

“空调器”

hǎi yáng shì dì qiú shang sì tōng bā dá lián chéng yī piàn de hǎi shuǐ zhàn dì qiú biǎomiàn jī de
海洋是地球上四通八达连成一片的海水，占地球表面积的
tóng qí tā xíngxīngxiāng bǐ dì qiú de pí qi hěn wēn hé zhè shì yīn wèi yǒu hǎi yáng
71%。同其他行星相比，地球的脾气很“温和”，这是因为有海洋
zhè gè tiān rán de kōngtiáo qì shì tā tiáo jié zhe dì qiú qì hòu de biàn huà
这个天然的“空调器”，是它调节着地球气候的变化。

dì qiú wēn dù shàngshēng duì hǎi yáng yǒu yǐngxiǎng
▲地球温度上升对海洋有影响

wù zhǒngfēng fù

物种丰富

zài wèi lán sè de dà hǎi lǐ yǒu
在蔚蓝色的大海里，有
xíng xíng sè sè de hǎi yáng shēng wù bāo
形形色色的海洋生物，包
kuò hǎi yángdòng wù hǎi yáng zhí wù wēi
括海洋动物、海洋植物、微
shēng wù jí bìng dú děng tā men xíng tài
生物及病毒等。它们形态
gè yì qiān qí bǎi guài gòuchéng le duō
各异，千奇百怪，构成了多
zī duō cǎi de hǎi yángshēngmìng shì jiè
姿多彩的海洋生命世界。

wū shuǐ pái rù hǎi yáng jiù huì zào chéng hǎi yáng wū rǎn cóng ér yǐng xiǎng hǎi yáng dòng wù de shēng cún
▲污水排入海洋就会造成海洋污染，从而影响海洋动物的生存

rén wéi wū rǎn
人为污染

rén lèi xiàng hǎi yáng pái fàng fèi wù huò wū wù shǐ hǎi yáng biàn
人类向海洋排放废物或污物，使海洋变
chéng le yī gè fèi wù cāng kù hǎi yáng lǐ de shēng wù yǒu
成了一个“废物仓库”，海洋里的生物有
de sǐ wáng yǒu de shèn zhì miè jué bèi wū rǎn de zhí wù rú guǒ
的死亡，有的甚至灭绝。被污染的植物如果
bèi rén chī diào jiù huì bǎ zāng dōng xi dài dào rén tǐ lǐ gěi rén dài
被人吃掉，就会把脏东西带到人体里给人带
lái jí bìng
来疾病。

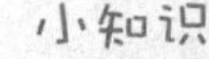

小知识

jīng zài hǎi yáng lǐ jī hū méi yǒu tiān dí dàn rén lèi bǔ shā jīng què pò huài le hǎi yáng de shēng tài píng héng
鲸在海洋里几乎没有天敌，但人类捕杀鲸却破坏了海洋的生态平衡。

qiān xǐ de gèng yuǎn
迁徙得更远

nián yuè guó jì hǎi yáng kē xué jiā jǐng gào yóu yú quán qiú qì hòu biàn nuǎn dǎo
2011年11月，国际海洋科学家警告，由于全球气候变暖，导
zhì dà liàng yú lèi hé qí tā hǎi yáng shēng wù yǐ gèng kuài de sù dù qiān xǐ dào gèng yuǎn de hǎi yù yuǎn
致大量鱼类和其他海洋生物以更快的速度迁徙到更远的海域，远
lí yuán lái qī xī de hǎi yù
离原来栖息的海域。

hǎi yáng shí wù liàn

海洋食物链

rén men cháng shuō dà yú chī xiǎo yú xiǎo yú chī xiǎo xiā zhèng shì duì hǎi yáng shí wù liàn zuì jīng cǎi de miáo shù xiàng xiǎo xiā zhè yàng de fú yóu dòng wù yǐ zǎo lèi zhí wù wéi shí xiǎo xiā yào bèi bǐ tā dà de xiǎo yú chī diào ér yī xiē xiōng měng de hǎi yáng dòng wù xiàng shā yú děng zé yǐ yú lèi wéi shí

人们常说“大鱼吃小鱼，小鱼吃小虾”，正是对海洋食物链最精彩的描述。像小虾这样的浮游动物以藻类植物为食，小虾要被比它大的小鱼吃掉；而一些凶猛的海洋动物，像鲨鱼等则以鱼类为食。

shí wù liàn

食物链

zài hǎi yáng wáng guó lǐ yǒu yī gè yǒu qù de shí wù guān xì wèi le shēng cún dà hǎi lǐ de dòng wù xiāng hù wéi shí xíng chéng le yī gè cóng dī jí dào gāo jí de céng jí guān xì zhè zhǒng guān xì bèi chēng wéi hǎi yáng shí wù liàn yě jiào zuò yíng yǎng liàn

在海洋王国里，有一个有趣的食物关系。为了生存，大海里的动物相互为食，形成了一个从低级到高级的层级关系，这种关系被称为海洋食物链，也叫做“营养链”。

小知识

chǔ zài shí wù liàn zuì gāo céng de shì hǎi yáng shí ròu lèi dòng wù bǐ rú jīn qiāng yú shā yú děng

处在食物链最高层的是海洋食肉类动物，比如金枪鱼、鲨鱼等。

hǎi yáng shí wù liàn

▶ 海洋食物链

shēng wù jīn zì tǎ
生物金字塔

hǎi yáng lǐ de dòng zhí wù zǔ chéng de shí wù liàn jié gòu hěn xiàng jīn zì tǎ dǐ zuò hěn dà měi shàng yī jí dōu suō xiǎo hěn duō rú chǔ zài zuì dǐ bù de shì gè zhǒng guī zǎo lèi qí shù liàng fēi cháng jù dà ér chǔ yú dǐng bù de hǎi yáng bǔ rǔ lèi rú jīng què fēi cháng xī shǎo

海洋里的动植物组成的食物链结构很像金字塔，底座很大，每上一级都缩小很多。如处在最底部的是各种硅藻类，其数量非常巨大；而处于顶部的海洋哺乳类，如鲸，却非常稀少。

dì yī jí bié
第一级别

shí wù liàn dì yī jí shì yóu shù liàng jí duō de hǎi yáng fú yóu zhí wù gòu chéng de zhè xiē shēng wù tōng guò guāng hé zuò yòng chǎn shēng tàn shuǐ huà hé wù hé yǎng qì chéng wéi hǎi yáng yī qiè shēng wù shēng zhǎng de wù zhì jī chǔ

食物链第一级是由数量极多的海洋浮游植物构成的，这些生物通过光合作用产生碳水化合物和氧气，成为海洋一切生物生长的物质基础。

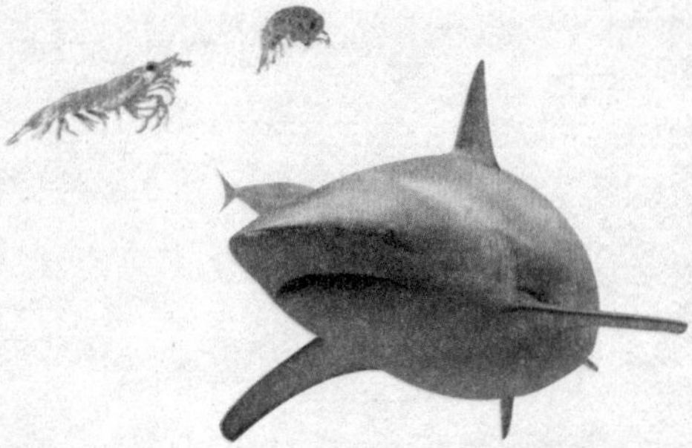

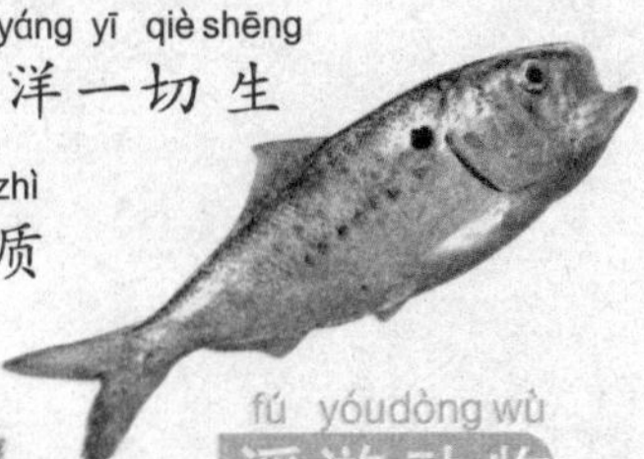

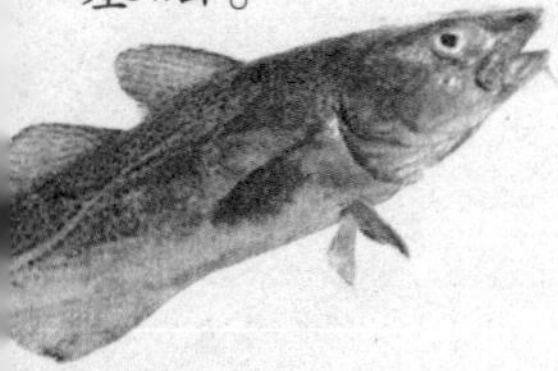

fú yóu dòng wù
浮游动物

bǐ zhí wù gāo yī jí de shì hǎi yáng fú yóu dòng wù tā men yǐ hǎi yáng fú yóu zhí wù wéi shí fú yóu dòng wù yòu bèi bǐ zì jǐ gāo jí de hǎi yáng dòng wù bǔ huò chéng wéi hǎi yáng dòng wù de měi cān

比植物高一级的是海洋浮游动物，它们以海洋浮游植物为食。浮游动物又被比自己高级的海洋动物捕获，成为海洋动物的美餐。

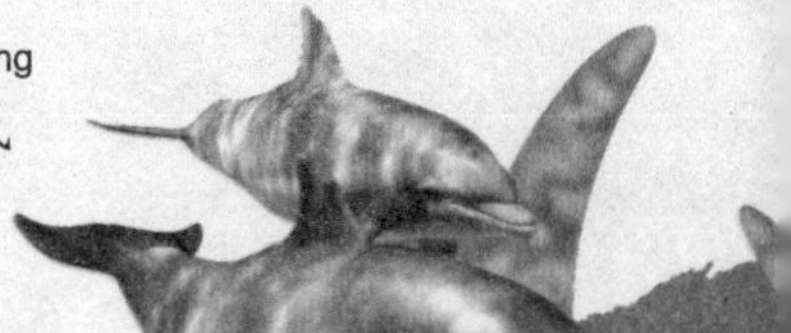

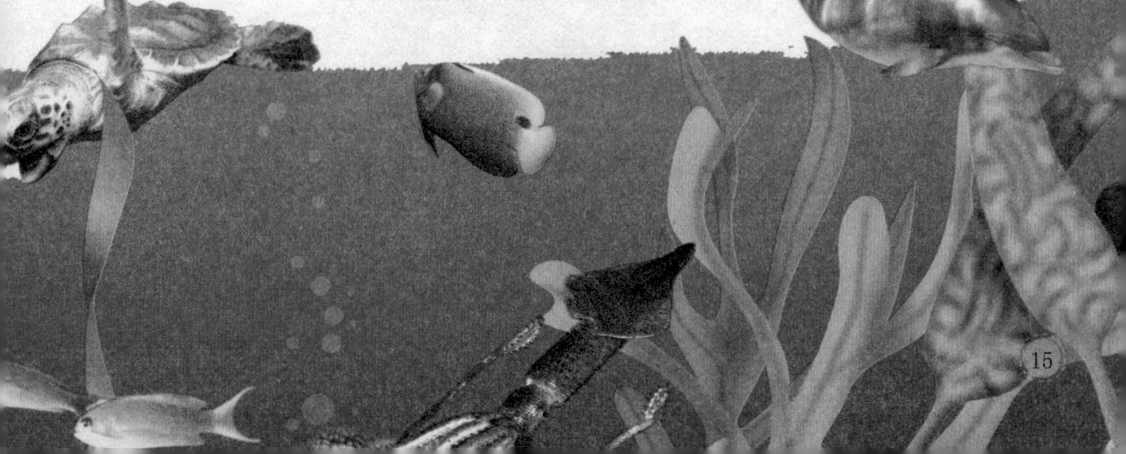

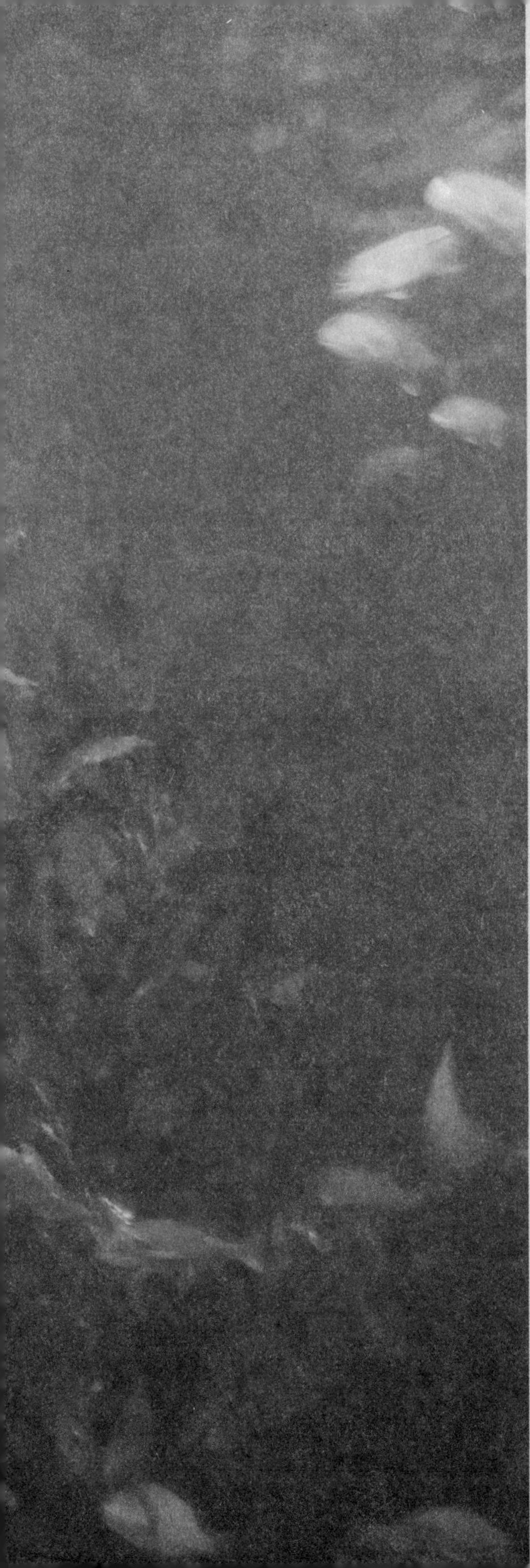

海洋植物

海洋植物是自然界所有植物的祖先，它是由单细胞藻类逐步进化而成的。无论是人们爱吃的海带、裙带菜和紫菜，还是用作工业原料的硅藻，都显示了海洋植物巨大的经济价值。各种鱼类穿梭其中，一起构成了多彩的海洋世界。

lán zǎo
蓝藻

lán zǎo yòu jiào lán lǜ zǎo lán xì jūn shì dān xì bāo shēng wù zài suǒ yǒu zǎo lèi shēng
蓝藻又叫蓝绿藻、蓝细菌，是单细胞生物。在所有藻类生
wù zhōng lán zǎo shì zuì jiǎn dān zuì yuán shǐ de yī zhǒng lán zǎo hán yǒu yī zhǒng tè shū de lán
物中，蓝藻是最简单、最原始的一种。蓝藻含有一种特殊的蓝
sè sè sù dàn yě bù quán shì lán sè de bù tóng de lán zǎo hán yǒu bù tóng de sè sù
色色素，但也不全是蓝色的，不同的蓝藻含有不同的色素。

gǔ lǎo de zǎo lèi
古老的藻类

cháng jiàn de lán zǎo yǒu lán qiú zǎo niàn zhū zǎo chàn zǎo
常见的蓝藻有蓝球藻、念珠藻、颤藻、
fā cài děng dà yuē zài jù jīn yì yì nián qián lán zǎo
发菜等。大约在距今35亿~33亿年前，蓝藻
chū xiàn zài dì qiú shang lán zǎo fēn bù shí fēn guǎng fàn biàn jí shì
出现在地球上。蓝藻分布十分广泛，遍及世
jiè gè dì dàn dà duō shù fēn
界各地，但大多数分
bù zài dàn shuǐ lǐ shǎo shù zài hǎi yáng zhōng
布在淡水里，少数在海洋中。

小知识

lán zǎo shì lián yú de
蓝藻是鲢鱼的
shí wù kě tōng guò tóu fàng
食物，可通过投放
cǐ lèi yú miáo lái zhì lǐ zǎo
此类鱼苗来治理藻
lèi fáng zhǐ zǎo lèi bào fā
类，防止藻类爆发。

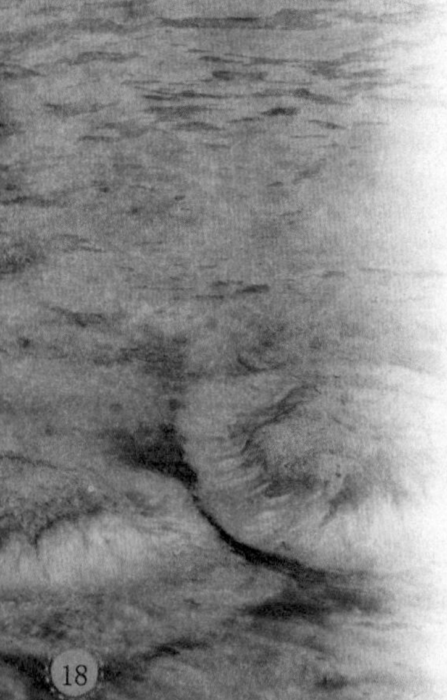
lán zǎo
▼ 蓝藻

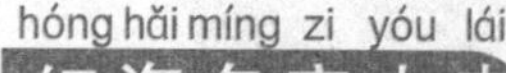
hóng hǎi míng zi yóu lái
红海名字由来

yǒu xiē lán zǎo hán yǒu jiào duō de zǎo hóng sù kàn shàng qù
有些蓝藻含有较多的藻红素，看上去
shì hóng sè de rú hóng hǎi zhōng de yī zhǒng lán zǎo yóu yú tā
是红色的。如红海中的一种蓝藻，由于它
hán de zǎo hóng sù liàng duō yīn cǐ shì hóng sè de ér qiě fán
含的藻红素量多，因此是红色的，而且繁
zhí xùn sù suǒ yǐ shǐ hǎi shuǐ yě chéng xiàn chū yī piàn hóng sè
殖迅速，所以使海水也呈现出一片红色，
hóng hǎi yīn cǐ ér dé míng
“红海”因此而得名。

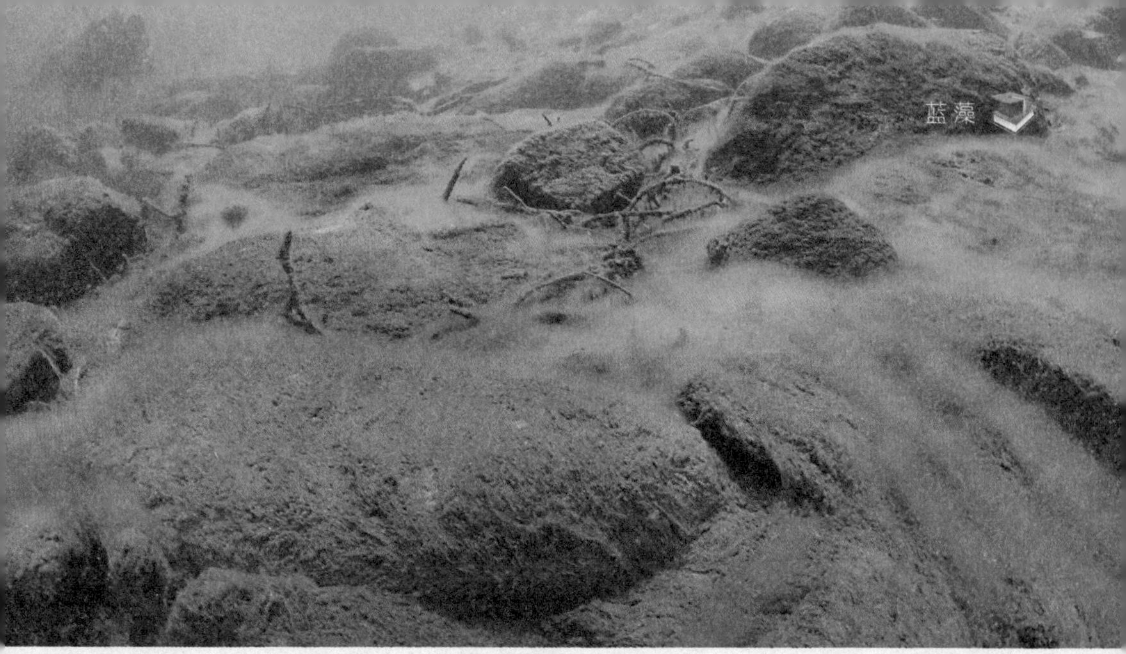

hǎi yáng lán zǎo
▲ 海洋蓝藻

yǒu yì de fàngyǎngshēng wù
有益的放氧生物

lán zǎo shì zuì zǎo de guāng hé fàngyǎngshēng wù duì dì qiú biǎomiàncóng wú yǎng de dà qì huán
蓝藻是最早的光合放氧生物，对地球表面从无氧的大气环
jìng biàn wéi yǒuyǎnghuánjìng qǐ le jù dà de zuòyòng yǒu bù shǎo lán zǎo rú yú xīng zǎo kě yǐ
境变为有氧环境起了巨大的作用。有不少蓝藻（如鱼腥藻）可以
zhí jiē gù dìng dà qì zhōng de dàn yǐ tí gāo tǔ rǎng féi lì shǐ zuò wù zēngchǎn
直接固定大气中的氮，以提高土壤肥力，使作物增产。

lǜ cháo
绿潮

dà guī mó de lán zǎo bào fā bèi chēngwéi lǜ cháo lǜ cháo yǐn qǐ shuǐ zhì è huà yán
大规模的蓝藻爆发，被称为“绿潮”。绿潮引起水质恶化，严
zhòng shí hào jìn shuǐzhōngyǎng qì ér zàochéng
重时耗尽水中氧气而造成
yú lèi de sǐ wáng lán zǎo zhōng yǒu xiē
鱼类的死亡。蓝藻中有些
zhǒng lèi huì chǎnshēng dú sù yuē yī bàn
种类会产生毒素，约一半
de lǜ cháozhōnghán yǒu dà liàng dú sù huì
的绿潮中含有大量毒素，会
duì yú lèi hé rén chùchǎnshēng dú hài
对鱼类和人畜产生毒害。

dà liàng lán zǎo huì duì hǎi yángshēng wù hé rén lèi dài lái wēi hài
▲ 大量蓝藻会对海洋生物和人类带来危害

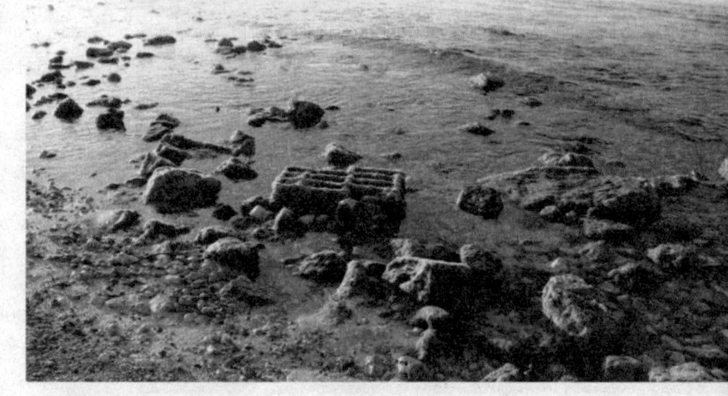

hóng zǎo
红藻

hóng zǎo zhǒng lèi hěn duō yuē yǒu duō zhǒng qí zhōng yuē yǒu zhǒng shēng zhǎng zài dàn
红藻种类很多，约有3700多种，其中约有200种生长在淡
shuǐ zhōng qí yú dōu zài hǎi yáng lǐ shì hǎi yáng zǎo lèi zhí wù de zhǔ yào bù fen hóng zǎo yǒu
水中，其余都在海洋里，是海洋藻类植物的主要部分。红藻有
zhòng yào de jīng jì jià zhí chú shí yòng wài hóng zǎo hái shì yī xué fǎng zhī shí pǐn děng gōng
重要的经济价值，除食用外，红藻还是医学、纺织、食品等工
yè de yuán liào
业的原料。

guǎng fàn fēn bù
广泛分布

hóng zǎo shì yī zhǒng gǔ lǎo de hǎi yáng zhí wù dà yuē shēng zhǎng zài yì nián qián de hǎi yáng
红藻是一种古老的海洋植物，大约生长在14亿年前的海洋
lǐ hóng zǎo kàn shàng qù shì zǐ hóng sè qí fēn bù fēi cháng guǎng fàn zài rè dài hé yà rè dài
里。红藻看上去是紫红色，其分布非常广泛，在热带和亚热带
hǎi àn fù jìn cháng cháng dōu néng jiàn dào tā men de shēn yǐng
海岸附近，常常都能见到它们的身影。

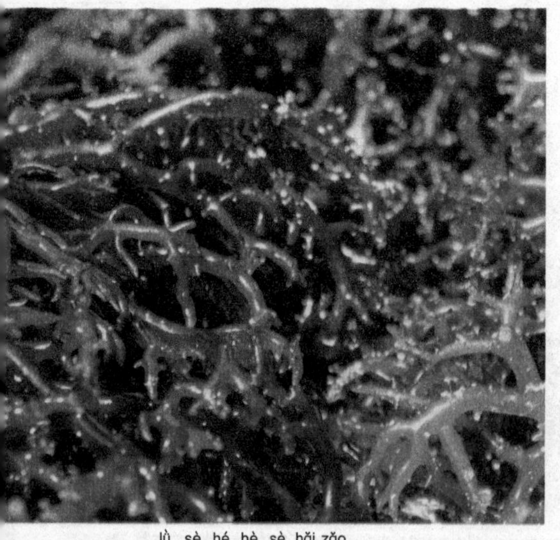

lǜ sè hé hè sè hǎi zǎo
▲ 绿色和褐色海藻

shēng zhǎng huán jìng
生长环境

hóng zǎo zài hǎi shuǐ zhōng shēng zhǎng de shēn dù kě dá mǐ hǎi àn biān yě yǒu dà duō
红藻在海水中生长的深度可达200米，海岸边也有，大多
zhǎng zài yán shí bèi yīn chù huò shí fèng zhōng yě yǒu shǎo shù xǐ huan zhǎng zài fēng làng dà de yán shí shang
长在岩石背阴处或石缝中，也有少数喜欢长在风浪大的岩石上。
dà duō hóng zǎo shì fù zhuó zài yán shí shang shēng zhǎng yě yǒu yī xiē shì jì shēng zài qí tā zǎo lèi shang
大多红藻是附着在岩石上生长，也有一些是寄生在其他藻类上。

zhǒng lèi fán duō
种类繁多

hóngzǎozhōng yǒu yī xiē yíngyǎngfēng fù wèi dào xiān měi de
红藻中，有一些营养丰富、味道鲜美的
shí yòngzhǒng lèi rú zǐ cài qí lín cài hǎi luó děng hái yǒu
食用种类，如紫菜、麒麟菜、海萝等。还有
yī xiē zhòngyào de jīng jì zhǒng lèi yòng lái tí qǔ zhí wù jiāo rú
一些重要的经济种类，用来提取植物胶，如
shí huā cài qí lín cài děng zhí wù
石花菜、麒麟菜等植物。

小知识

yǒu xiē zǐ cài kě yǐ
有些紫菜可以
zhì chéng zhōng yào zhè gū
制成中药；鹧鸪
cài hé hǎi rén cǎo shì cháng
菜和海人草是常
yòng de xiǎo ér qū chóng yào
用的小儿驱虫药。

qí lín cài
麒麟菜

qí lín cài shì hè huáng sè féi hòu duō ròu cháng lí mǐ lí mǐ kuān háo mǐ
麒麟菜是褐黄色，肥厚多肉，长12厘米~30厘米，宽2毫米~3
háo mǐ yǔ wǒ men jīngcháng shí yòng de hǎi dài zǐ cài de chéng fèn xiāng bǐ qí lín cài zhǔ yào
毫米。与我们经常食用的海带、紫菜的成分相比，麒麟菜主要
chéngfèn wéi duōtáng xiān wéi sù hé kuàngwù zhì ér dàn bái zhì hé zhī fánghánliàng fēi cháng dī
成分为多糖、纤维素和矿物质，而蛋白质和脂肪含量非常低。

hǎi àn shang de hóng zǎo
▼海岸上的红藻

zǐ cài

紫菜

zǐ cài shì hóng zǎo de yī zhǒng shēng zhǎng zài qiǎn hǎi yán shí shang chéngshēn hè hóng sè huò zǐ sè zǐ cài hán yǒu fēng fù de dàn bái zhì bù jǐn yíng yǎng fēng fù ér qiě wèi dào xiān měi zǐ cài zhǒng lèi hěn duō gān zǐ cài fù hán dàn bái zhì hé diǎn lín gài děng wù zhì kě yǐ shí yòng

紫菜是红藻的一种，生长在浅海岩石上，呈深褐、红色或紫色。紫菜含有丰富的蛋白质，不仅营养丰富，而且味道鲜美。紫菜种类很多，甘紫菜富含蛋白质和碘、磷、钙等物质，可以食用。

小知识

zǐ cài yǎng zhí lì shǐ hěn yōu jiǔ yuē zài 17 shì jì rì běn yú mín jiù kāi shǐ yǎng zhí zǐ cài

紫菜养殖历史很悠久，约在17世纪，日本渔民就开始养殖紫菜。

míng zi yóu lái

名字由来

zǐ cài wài xíng jiǎn dān yóu pánzhuàng gù zhuo qì bǐng hé yè piàn sān bù fen zǔ chéng bù tóngzhǒng lèi de zǐ cài yán sè yě bù tóng yǒu zǐ hóng lán lǜ zōnghóng zōng lǜ děngyán sè yīn wèi zǐ sè zuì duō zǐ cài yīn cǐ ér dé míng

紫菜外形简单，由盘状固着器、柄和叶片三部分组成。不同种类的紫菜颜色也不同，有紫红、蓝绿、棕红、棕绿等颜色，因为紫色最多，“紫菜”因此而得名。

yíngyǎngfēng fù

营养丰富

zǐ cài guǎng fàn fēn bù yú shì jiè gè dì dàn yǐ wēn dài wéi zhǔ hán yǒu gāo dá 29%~35% de dàn bái zhì yǐ jí diǎn duōzhǒngwéishēng sù hé wú jī yán lèi wèi dào xiān měi chú shí yòngwài hái kě yòng yǐ zhì liáo jí bìng shì yī zhǒngzhòngyào de jīng jì hǎi zǎo

紫菜广泛分布于世界各地，但以温带为主，含有高达29%~35%的蛋白质以及碘、多种维生素和无机盐类，味道鲜美，除食用外，还可用以治疗疾病，是一种重要的经济海藻。

zǐ cài bāo fàn

▶ 紫菜包饭

“海洋蔬菜”

紫菜南北半球均有分布，但是自然生长的紫菜数量有限，产量主要来自人工养殖。主要的养殖种类有坛紫菜、条斑紫菜和甘紫菜。收获干燥后，可以当做食品，被称为“海洋蔬菜”。

▲ 紫菜小吃

海中“韭菜”

紫菜有点像韭菜，长成后可以反复采割，第一次割的叫第一水，第二次割的叫第二水，以此类推，其中第一水的紫菜也叫初水海苔，特别细嫩，营养也比较丰富，但是不太常见。

▶ 海中“韭菜”

绿藻

别看绿藻是一种微小的水藻，却是藻类的“大家族”，约6000多种。绿藻大多种类生长在淡水里，常常附着在水中岩石和木头上，或漂浮在死水表面，也有一些种类生活在土壤或海水中。

发现的故事

1890年，荷兰微生物学家马丁努·贝泽尼克发现池塘常常会变成深绿色，于是他每天观察，终于发现了富含叶绿素的绿藻。此后，绿藻就成为世界上备受研究的藻类。

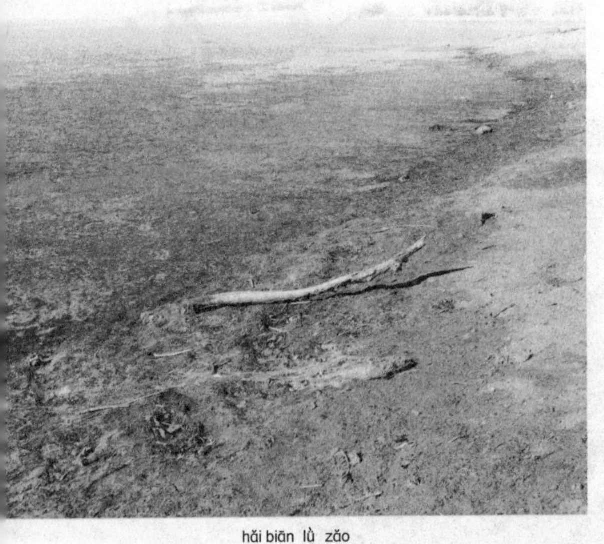

▲ 海边绿藻

营养素仓库

绿藻营养丰富，富含大量的蛋白质、氨基酸、纤维、胡萝卜素等。它所含的矿物质包括钙、铁、磷、钾、镁及微量的锰、碘及锌，因此被称为“浓缩的营养素仓库”。

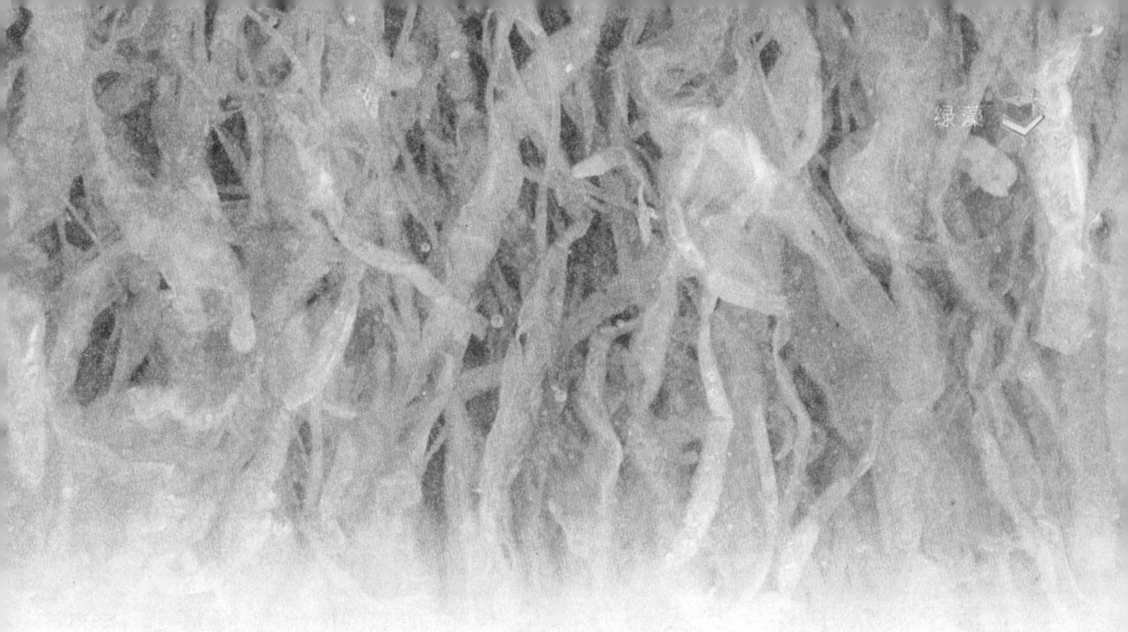

lǜ sè lǜ zǎo
▲绿色绿藻

pái dú gōngchén
“排毒功臣”

jī hū suǒ yǒu de lǜ zǎo dōuyōngyǒu yè lǜ tǐ tā men shì qì jīn wéi zhǐ de fù hán fēng fù de yè lǜ sù lái yuán shì zì rán jiè zhōng zuì qiángxiào de pái dú wù zhì bèi rén men shì wéi jiànkāng shí pǐn
几乎所有的绿藻都拥有叶绿体，它们是迄今为止的富含丰富的叶绿素来源，是自然界中最强效的排毒物质，被人们视为健康食品。

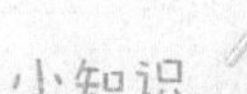

yè lǜ sù néng bāng rén men pái chú cháng gān jí xuè guǎn dú sù bèi yù wéi zì rán yī liáo zhě
叶绿素能帮人们排除肠、肝及血管毒素，被喻为“自然医疗者”。

fēn shēnshù
“分身术”

lǜ zǎoshēngmìng lì jīng rén shì yī zhǒnggāonéng liàng zhí wù tā bù yòngzhǒng zǐ lái fán zhí hòu dài
绿藻生命力惊人，是一种高能量植物，它不用种子来繁殖后代。

lǜ zǎo yǒu yī zhǒnggāochāo de běn lǐng fēn shēn shù yuán lái shì yī zhǒngshēng wù huó xìngshēngzhǎng yīn zǐ cù shǐ lǜ zǎo fēn shēn kuài sù shēngzhǎng
绿藻有一种高超的本领——“分身术”。原来，是一种生物活性生长因子促使绿藻“分身”，快速生长。

lǜ zǎo
◀绿藻

hè zǎo

褐藻

hè zǎo shì yī qún jiào gāo jí de zǎo lèi yuē yǒu zhǒng xíng tǐ dà xiǎo gè yì
褐藻是一群较高级的藻类，约有 1500 种，形体大小各异，
dà xíng hè zǎo rú hǎi dài lèi jī hū dá dào mǐ mǐ chú shǎo shù zhǒng lèi de hè zǎo
大型褐藻如海带类，几乎达到 1 米~100 米。除少数种类的褐藻
shēng huó yú dàn shuǐ zhōng wài jué dà bù fen dōu shēng zhǎng zài hǎi yáng zhōng shì hǎi dǐ sēn lín de
生活于淡水中外，绝大部分都生长在海洋中，是海底森林的
zhǔ yào chéng fèn
主要成分。

fù shí pǐn

副食品

xǔ duō hè zǎo dōu kě yǐ shí yòng rú wǒ men cháng jiàn de hǎi
许多褐藻都可以食用，如我们常见的海
dài qún dài cài xiǎo hǎi dài děng zhè xiē hè zǎo yīn hán yǒu dà
带、裙带菜、小海带等。这些褐藻因含有大
liàng de wéi shēng sù jí wú jī yán lèi cháng cháng bèi yòng zuò bǔ chōng
量的维生素及无机盐类，常常被用作补充
yíng yǎng de fù shí pǐn
营养的副食品。

小知识

hè zǎo shì hè zǎo jiāo de zhòng yào lái yuán hè zǎo
褐藻是褐藻胶的重要来源，褐藻
jiāo zài shí pǐn hōng kǎo zhì zào zhōng zuò wěn dìng jì
胶在食品烘烤制造中做稳定剂。

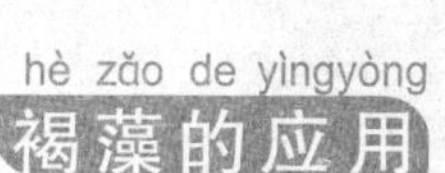

hè zǎo de yìng yòng

褐藻的应用

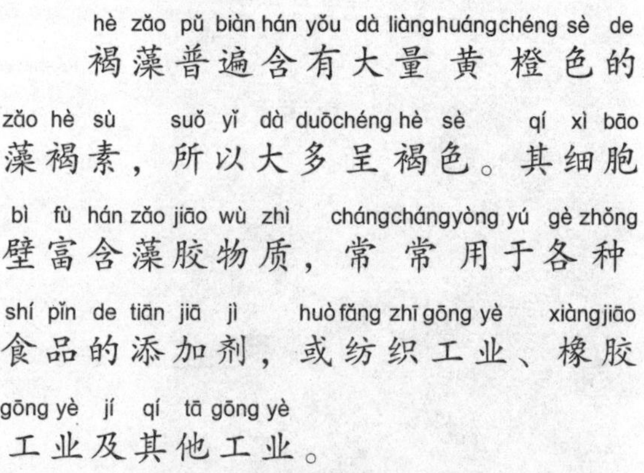

hè zǎo pǔ biàn hán yǒu dà liàng huáng chéng sè de
褐藻普遍含有大量黄橙色的
zǎo hè sù suǒ yǐ dà duō chéng hè sè qí xì bāo
藻褐素，所以大多呈褐色。其细胞
bì fù hán zǎo jiāo wù zhì cháng cháng yòng yú gè zhǒng
壁富含藻胶物质，常常用于各种
shí pǐn de tiān jiā jì huò fǎng zhī gōng yè xiàng jiāo
食品的添加剂，或纺织工业、橡胶
gōng yè jí qí tā gōng yè
工业及其他工业。

chéng piàn hè zǎo shēng zhǎng zài hǎi dǐ xiàng yī piàn sēn lín
◀ 成片褐藻生长在海底，像一片森林。

医学作用

褐藻在医药上的利用有上千年历史。现代医学研究证明，有些褐藻有降血压和抗癌作用，甚至利用褐藻胶制成抗凝剂、止血剂、代用血浆等，具有极高的医学价值。

▲ 褐藻

马尾藻

马尾藻是褐藻的一种，约有250种，大多种类为暖水性，广泛分布在暖水和温水海域，特别是印度洋、西太平洋和澳大利亚。我国也是马尾藻主要产地之一，约有60种。

▼ 绿色的褐藻

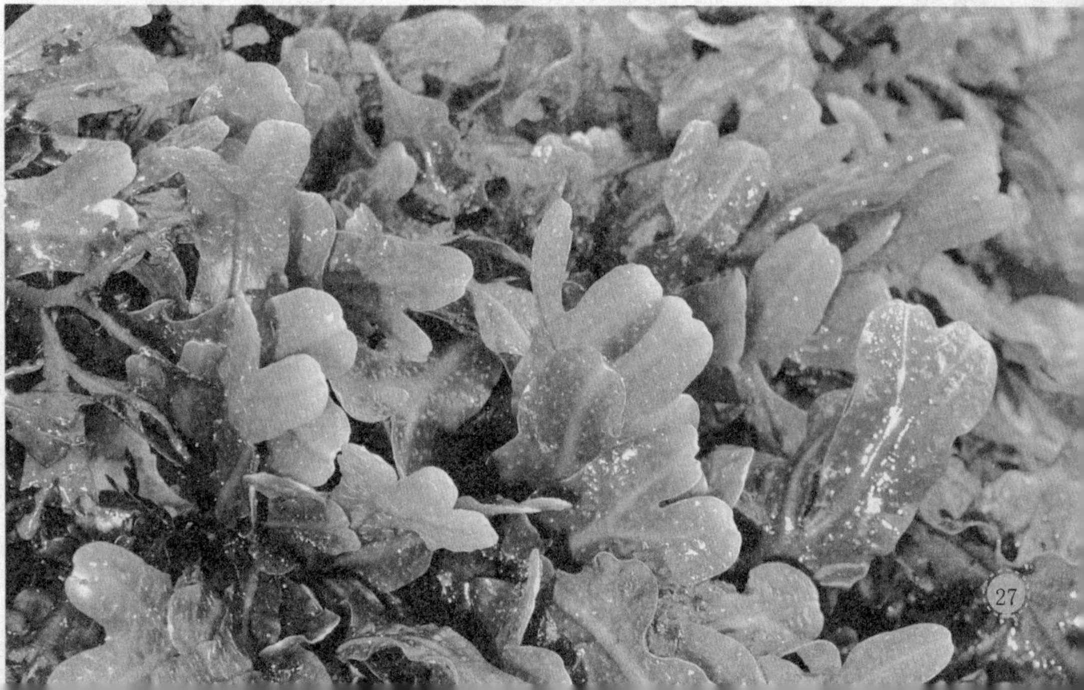

hǎi dài
海带

hǎi dài bié míng kūn bù jiāng bái cài shēngzhǎng zài dī wēn hǎi dǐ de
海带别名昆布、江白菜，生长在低温海底的
yán shí shang shì yī zhǒng dà xíng hǎi shēng hè zǎo zhí wù hǎi dài de jiǎ gēn
岩石上，是一种大型海生褐藻植物。海带的假根
néng shǐ tā gù dìng zài yán shí shang tā méi yǒu jīng yě méi yǒu zhī kàn shàng qù jiù xiàng yī tiáo
能使它固定在岩石上，它没有茎，也没有枝，看上去就像一条
chángcháng de dài zi bèi chēng wéi hǎi dǐ sēn lín
长长的“带子”，被称为“海底森林”。

hǎi yáng sēn lín
海洋森林

hǎi dài tǐ xíng pǔ biàn jiào wéi cū dà
海带体型普遍较为粗大，
yī bān cháng mǐ mǐ dāng hǎi dài dà
一般长2米~6米。当海带大
liàng fán zhí shí huì xíng chéng hǎi yáng sēn lín
量繁殖时，会形成海洋森林
huò zǎo hǎi xī yǐn le wú shù hǎi yáng shēng
或藻海，吸引了无数海洋生
wù huì jí zài zhè lǐ dài lái le fēng fù
物汇集在这里，带来了丰富
de hǎi yáng zī yuán
的海洋资源。

小知识

hǎi dài zhǔ yào fēn bù
海带主要分布
zài zhōng guó běi bù yán hǎi
在中国北部沿海
jí cháoxiǎn rì běn děng dì
及朝鲜、日本等地
qū yán hǎi
区沿海。

hǎi dài sī
▶ 海带丝

hǎi yáng hǎi dài
◀ 海洋海带

长寿菜

海带因其生长在海里，柔韧得像一条带子而得名。海带主要是自然生长，也有人工养殖，其营养丰富，有“长寿菜”和“海上之蔬”的美誉。

“含碘冠军”

海带营养丰富，是一种含碘量很高的海洋藻类植物，可用来提制碘。如果人体缺少碘，就会患“大脖子病”，也就是甲状腺肿大，海带是治疗这一病症的最佳食品，被称为“含碘冠军”。

成熟期

海带的生长成熟期有早有迟。这是由于从北到南温差、光照等因素的影响。在同一海区的海带，其成熟期也有先后，所以收获期往往从5月中旬一直延续到7月上旬。

hǎi cǎo
海草

hǎi cǎo shì yī zhǒng kāi huā zhí wù shēngzhǎng zài wēn dài huò rè dài hǎi àn fù jìn de qiǎn hǎi
海草是一种开花植物，生长在温带或热带海岸附近的浅海
zhōng tā de yè piàn yòu cháng yòu xì jué dà bù fen shì lǜ sè ér qiě wǎngwǎng yī dà qúnshēng
中。它的叶片又长又细，绝大部分是绿色，而且往往一大群生
zhǎng zài yī qǐ kàn qǐ lái jiù xiàng shì hǎi yángzhōng yī dà piàn liáo kuò de cǎochǎng suǒ yǐ bèi chēng
长在一起，看起来就像是海洋中一大片辽阔的草场，所以被称
zuò hǎi cǎo
作“海草”。

fēn bù
分布

hǎi cǎo zài shì jiè shang fēn bù hěnguǎng yǐ zhī yǒu zhǒng qí zhōng de zhǒng lèi chǎn yú
海草在世界上分布很广，已知有49种，其中3/4的种类产于
yìn dù yáng hé xī tài píngyáng zhōngguó yán hǎi yě yǒu fēn bù hǎi cǎo gēn xì fā dá yǒu lì yú
印度洋和西太平洋，中国沿海也有分布。海草根系发达，有利于
dǐ yù fēnglàng duì jìn àn hǎi dǐ de qīn shí hái kě yǐ gǎi shàn yú yè huánjìng
抵御风浪对近岸海底的侵蚀，还可以改善渔业环境。

qī xī dì
栖息地

hǎi cǎo shì hǎi yángdòng wù de shí wù cháng zài yán
海草是海洋动物的食物，常在沿
hǎi yī dài xíngchéngguǎng dà de hǎi cǎochǎng zhè lǐ de fú
海一带形成广大的海草场。这里的浮
yóushēng wù fēi chángfēng fù shì xiǎo xiā yòu yú hé mǒu
游生物非常丰富，是小虾、幼鱼和某
xiē hǎi niǎo tiān rán de shēngzhǎngchǎngsuǒ gè bié zhǒng lèi
些海鸟天然的生长场所。个别种类
de hǎi cǎo shì bīn wēi bǎo hù dòng wù hǎi niú de shí wù
的海草是濒危保护动物海牛的食物。

hǎi dǐ shēngzhǎng zhe chéngpiàn hǎi cǎo
◀ 海底生长着成片海草

天然床垫

海草有很多用途。100多年前，海草被法国人用来做填充物，做成天然的床垫。在第一次世界大战期间，这种床垫曾被法国军队大量使用。

小知识

在葡萄牙有一项重要的活动，就是采集海草，制成沙土的肥料。

受到威胁

在我国北方，沿海渔民常用海草作建造房屋顶的材料。海草具有抗腐蚀、耐用和保暖的特点。但是目前，全球的海草数量正在下降，这主要是因为人为的扰乱造成的。

古老海洋动物

早在恐龙还没有崛起之前，就有一些古老的海洋生物出现了。随着时间的推移，与一些海洋动物同时代的动物或进化，或灭绝，而一些古老的海洋生物从出现至今，却仍然保留着原始的相貌，因此被称为海洋中的“活化石”。

shān hú
珊瑚

shān hú kànshàng qù hěn xiàng yī kē shù shí jì shang tā shì xǔ duō shān hú chóng huò qí gǔ gé huà shí jù jí zài yī qǐ xíngchéng de shān hú yán sè xiān yàn míngliàng shì hǎi dǐ zuì měi de hǎi huā bèi rén men shì wéi tiān rán de yì shù zhēn pǐn

珊瑚看上去很像一棵树，实际上它是许多珊瑚虫或其骨骼化石聚集在一起形成的。珊瑚颜色鲜艳明亮，是海底最美的“海花”，被人们视为天然的艺术珍品。

shài tài yángzhǎng gè er
晒太阳长个儿

shān hú shēngzhǎng zài yángguāngchōngpèi de qiǎnshuǐ hǎi yù dān kào yángguāngzhàoshè jiù néngshēngzhǎng yīn wèi jì shēng zài tā tǐ nèi de gòngshēngzǎo zài jìn xíngguāng hé zuòyòng de tóng shí huì jiāng yī bù fen yǎngliàogòngxiàn gěi zì jǐ de sù zhǔ

珊瑚生长在阳光充沛的浅水海域，单靠阳光照射就能生长。因为寄生在它体内的共生藻在进行光合作用的同时，会将一部分养料贡献给自己的“宿主”。

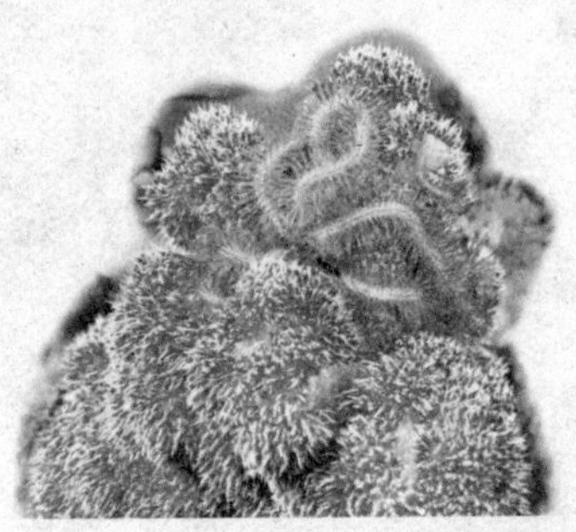

wǔ yán liù sè de shān hú chóng
▲五颜六色的珊瑚虫

hǎi dǐ jiàn zhù shī
海底“建筑师”

piàoliang de shān hú jiāo
▲漂亮的珊瑚礁

shān hú chóng shì hǎi yáng zhōng yī zhǒng dī děng dòng wù gè tǐ zhǐ yǒu mǐ lì dà xiǎo wú shù shān hú chóng shī tǐ fǔ làn yǐ hòu chéngwéi qún tǐ gǔ gé tā men de zǐ sūn men yī dài dài de zài zǔ xiān de gǔ gé shàngmian shēngzhǎng fán yǎn zhè jiù zhù chéng le qiān qí bǎi guài de shān hú chéngwéi hǎi dǐ jiàn zhù

珊瑚虫是海洋中一种低等动物，个体只有米粒大小。无数珊瑚虫尸体腐烂以后，成为群体“骨骼”。它们的子孙们一代代地在祖先的“骨骼”上面生长繁衍，这就筑成了千奇百怪的珊瑚，成为海底建筑。

měi lì de shān hú jiāo

美丽的珊瑚礁

shān hú chóng jù jí zài yī qǐ chéngwéi qún tǐ de shān hú
jīng guòshàngwànnián de jī lěi gèngduō de shān hú chóng jù jí zài yī
qǐ yuèzhǎngyuè duō cóng ér xíngchéngshēngmìng lì jù dà sè
cǎi bān lán de shān hú jiāo měi lì de shān hú jiāo shì yú lèi xiū xī
bì nán de hǎochǎngsuǒ

珊瑚虫聚集在一起，成为群体的珊瑚。经过上万年的积累，更多的珊瑚虫聚集在一起，越长越多，从而形成生命力巨大、色彩斑斓的珊瑚礁。美丽的珊瑚礁是鱼类休息、避难的好场所。

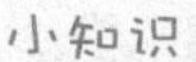

shì jiè shang zuì dà zuì cháng de shān hú jiāo qún shì wèi yú nán bàn qiú de ào dà lì yà dà bǎo jiāo

世界上最大、最长的珊瑚礁群是位于南半球的澳大利亚大堡礁。

kě pà de bái huà

可怕的“白化”

shān hú de yán sè dà duō lái zì jì shēng zài tā men tǐ nèi de gòngshēngzǎo de yán sè dāng
huánjìng è liè shí gòngshēngzǎo jiù huì lí kāi shān hú sù zhǔ zhěng gè shān hú jiù huì shī qù
yuányǒu de liàng lì róngyán lù chū bái shēngshēng de gǔ gé

珊瑚的颜色大多来自寄生在它们体内的共生藻的颜色。当环境恶劣时，共生藻就会离开珊瑚“宿主”，整个珊瑚就会失去原有的靓丽容颜，露出白生生的骨骼。

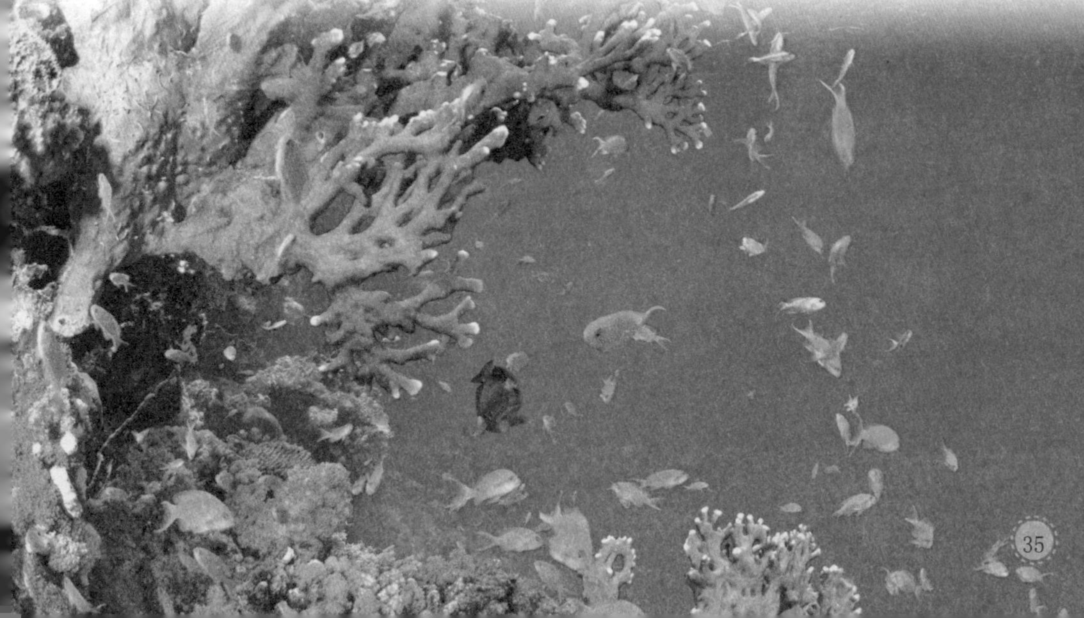

hǎi mián
海绵

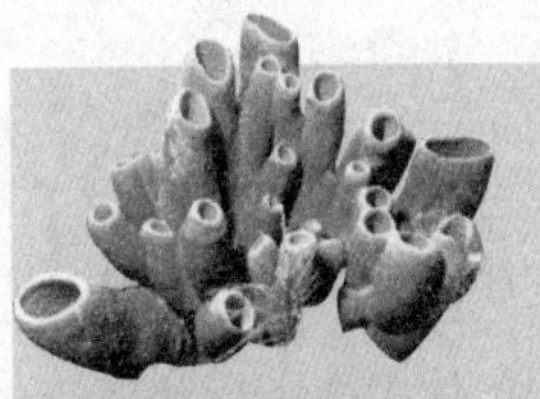

hǎi mián shì hǎi yáng dòng wù zhōng zuì jiǎn dān de yī gè zhǒng qún yǒu
海绵是海洋动物中最简单的一个种群，有
zhe fēi fán de zài shēng néng lì tā men qī xī zài hǎi yáng shēn chù fù
着非凡的再生能力。它们栖息在海洋深处，附
zhuó zài bù tóng hǎi yù de yán shí huò zhě shān hú jiāo shang yǐ hǎi yáng zhōng de wēi shēng wù wéi shēng
着在不同海域的岩石或者珊瑚礁上，以海洋中的微生物为生。

dà jiā zú
“大家族”

hǎi mián shì hǎi yáng zhōng de dà jiā zú zǎo zài
海绵是海洋中的“大家族”。早在
yì nián qián hǎi mián jiù yǐ jīng shēng huó zài hǎi yáng lǐ
2亿年前，海绵就已经生活在海洋里，
zhì jīn tā men de zhǒng lèi yǐ jīng yǒu jìn wàn zhǒng zài hǎi
至今它们的种类已经有近1万种，在海
yáng gè chù dōu néng kàn dào tā men de shēn yǐng
洋各处都能看到它们的身影。

yàn míng zhèng shēn
验明正身

jǐ gè shì jì yǐ qián rén men bǎ hǎi mián dàng zuò yī
几个世纪以前，人们把海绵当做一
zhǒng zhí wù yīn wèi tā men zài shēng mìng de guò chéng zhōng jī
种植物。因为它们在生命的过程中几
hū cóng bù yí dòng xiàng zhí wù nà yàng shēng zhǎng zài gù dìng
乎从不移动，像植物那样生长在固定
de dì fang zhí dào nián yī wèi jiào ài lè sī de
的地方。直到1765年，一位叫爱勒斯的
shēng wù xué jiā cái dì yī cì jiāng tā men guī shǔ yú dòng wù
生物学家才第一次将它们归属于动物。

shēng huó zài hǎi yáng shēn chù de hǎi mián
◀ 生活在海洋深处的海绵

shān hú jiāo yòng hǎi mián
▲ 珊瑚礁用海绵

qí tè de bǔ shí
奇特的捕食

hǎi mián de bǔ shí fāng fǎ hěn qí tè tā de shēn tǐ shang yǒu
海绵的捕食方法很奇特，它的身体上有
xǔ duō xiǎo kǒng měi gè xiǎo kǒng dōu shì yī zhāng zuǐ ba dāng hán
许多小孔，每个小孔都是一张“嘴巴”。当含
yǒu shí ěr de hǎi shuǐ cóng xiǎo kǒng zhōng liú guò shí tā tǐ nèi de biān
有食饵的海水从小孔中流过时，它体内的鞭
máo huì jiāng yíng yǎng wù zhì xī shōu nà xiē bù bèi xiāo huà de wù zhì
毛会将营养物质吸收，那些不被消化的物质
zé suí hǎi shuǐ liú chū tǐ wài
则随海水流出体外。

小知识

páng xiè cháng cháng xǐ huan bǎ hǎi mián dǐng zài bèi shang tuó lái tuó qù
螃蟹常常喜欢把海绵顶在背上驮来驮去。

hěn qiáng de zài shēng néng lì
很强的再生能力

hǎi mián yǒu hěn qiáng de zài shēng néng lì jí shǐ bǎ tā men mó chéng fěn mò
海绵有很强的再生能力，即使把它们磨成粉末
shāi xuǎn hòu jiāng nà xiē xì xiǎo de fěn mò pāo jìn dà hǎi tā men yě bù huì suí zhe
筛选后，将那些细小的粉末抛进大海，它们也不会随着
hǎi shuǐ de liú dòng ér sǐ wáng rú guǒ bǎ zhè xiē suì piàn fàng rù hǎi dǐ jiù huì zhǎng
海水的流动而死亡。如果把这些碎片放入海底，就会长
chū xīn de hǎi mián
出新的海绵。

guǎn zhuàng de hǎi mián
▲ 管状的海绵

hǎi dǎn

海胆

hǎi dǎn bié míng cì guō zi hǎi cì wèi shì hǎi yáng lǐ de yī zhǒng
海胆，别名刺锅子、海刺猬，是海洋里的一种
gǔ lǎo shēng wù tā menzhǎng de yuányuán de hún shēnzhǎngmǎn le chángcháng de
古老生物。它们长得圆圆的，浑身长满了长长的
cì yǒu hǎi zhōng cì kè zhī chēng qí shí hǎi dǎn shì gè dǎn xiǎo guǐ zhǐ yào yī jiàn dào
刺，有“海中刺客”之称。其实海胆是个胆小鬼，只要一见到
dí rén jiù huì táo pǎo
敌人就会逃跑。

hǎi yáng lǎo shòuxīng

海洋老寿星

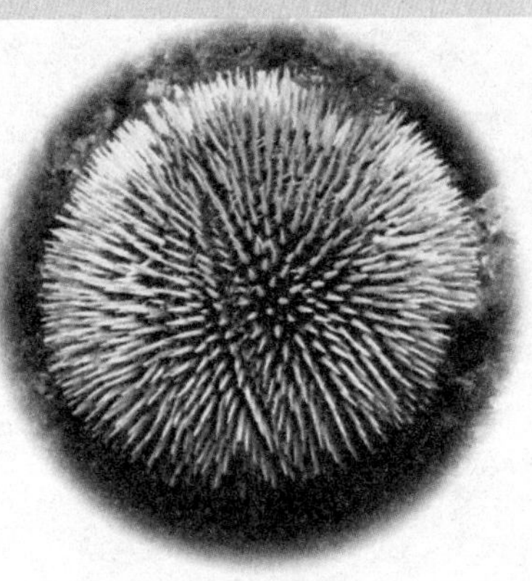

bái sè hǎi dǎn
▲ 白色海胆

hǎi dǎn shì hǎi yáng lǐ yī zhǒng gǔ lǎo de shēng wù jù
海胆是海洋里一种古老的生物。据
kē xué kǎozhèng tā men zài dì qiú shang jù jīn yǐ jīngshēng
科学考证，它们在地球上距今已经生
huó le shàng yì nián yán jiū jié guǒ biǎomíng hǎi dǎn kě yǐ
活了上亿年。研究结果表明，海胆可以
cún huó nián yǐ shàng ér qiě bù huì chū xiàn rèn hé lǎo
存活200年以上，而且不会出现任何老
nián jí bìng de zhèngzhuàng
年疾病的症状。

fángshēn wǔ qì

“防身武器”

hǎi dǎn de jí cì yǒu cháng yǒu duǎn tā men
海胆的棘刺有长有短，它们
bù dàn néng bāng zhù hǎi dǎn yí dòng shēn tǐ hái kě
不但能帮助海胆移动身体，还可
yǐ qīng jié wài ké wā jué ní shā lìng wài zhè
以清洁外壳，挖掘泥沙。另外，这
xiē jí cì hái shì hǎi dǎn fáng yù dí rén de wǔ qì
些棘刺还是海胆防御敌人的武器。

hǎi dǎn hún shēn zhǎng mǎn jí cì kě yǐ xià pǎo dí rén
◀ 海胆浑身长满棘刺，可以吓跑敌人。

dǐ yù dí hài
抵御敌害

hǎi dǎn de jí cì néng zhǐ xiàng rèn hé fāng xiàng rú guǒ bèi jiē chù jí cì jiù huì lì jí jù hé zhǐ xiàng dí rén chú jí cì wài tā shēnshang hái zhǎng yǒu hěn duō zǐ hóng sè de yǒu dú chā jí kě yǐ dǐ yù dí rén má zuì huò dú shā xì xiǎo de dòng wù

海胆的棘刺能指向任何方向，如果被接触，棘刺就会立即聚合指向敌人。除棘刺外，它身上还长有很多紫红色的有毒叉棘，可以抵御敌人，麻醉或毒杀细小的动物。

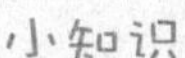

小知识

hǎi dǎn měi tiān yuē yí dòng lí mǐ rú guǒ shí wù xī shǎo zé měi tiān kě yǐ yí dòng chāo guò mǐ

海胆每天约移动10厘米，如果食物稀少，则每天可以移动超过1米。

jí cì kě zài shēng
棘刺可再生

hǎi dǎn kào jí cì fáng yù dí hài tā yī bān yuē lí mǐ lí mǐ cháng bié kàn jí cì jiān jiān de hěn xià rén què shì kōng xīn de hěn róng yì duàn diào dàn shì duàn diào jí cì hòu hái kě yǐ zài shēng zhǎng chū lái

海胆靠棘刺防御敌害，它一般约1厘米~2厘米长。别看棘刺尖尖的很吓人，却是空心的很容易断掉。但是，断掉棘刺后还可以再生长出来。

hǎi shēn
海参

hǎi shēn yòu jiào hǎi shǔ chángcháng qī xī zài yán hǎi cháo liú huǎn
海参，又叫海鼠，常常栖息在沿海潮流缓
màn de hǎi zǎo cóngshēngchù yǐ fú yóushēng wù wéi shí bié kàn hǎi shēn
慢的海藻丛生处，以浮游生物为食。别看海参
cóng bù lí kāi dà hǎi què bù huì yóu yǒng zhǐ néng zài hǎi dǐ rú dòng xiǎo shí yě zhǐ néng
从不离开大海，却不会游泳，只能在海底蠕动，1小时也只能
yí dòng mǐ bǐ wō niú hái màn
移动4米，比蜗牛还慢。

hǎi huánggua
海黄瓜

hǎi shēnkànshàng qù jiù xiàng yī gè xiǎohuánggua yīn cǐ rén menxíngxiàng de chēng tā men wéi hǎi
海参看上去就像一个小黄瓜，因此人们形象地称它们为“海
huánggua bié kàn hǎi shēnwài biǎochǒu lòu tā zǎo zài yì duō niánqián jiù zài hǎiyáng dìng jū
黄瓜”。别看海参外表丑陋，它早在6亿多年前就在海洋“定居”
le chū xiàn de shí jiān bǐ yuán shǐ yú lèi hái yào zǎo ne
了，出现的时间比原始鱼类还要早呢。

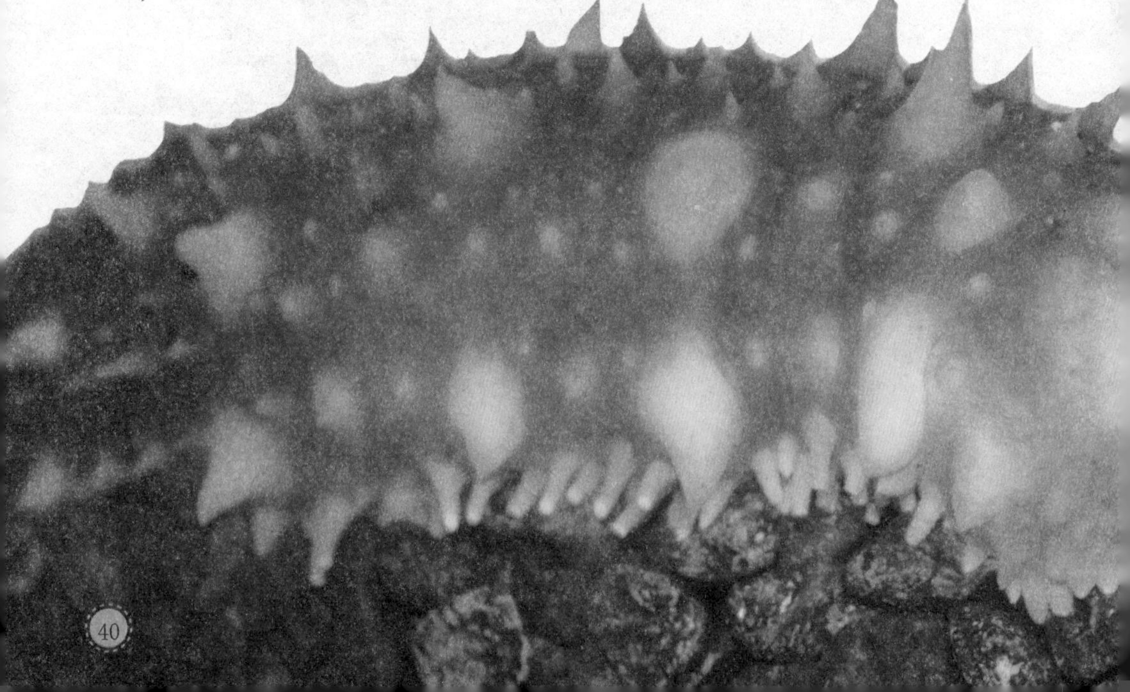

海底魔术师

海参是海底赫赫有名的“魔术师”。海参行动虽然缓慢笨拙，但却非常善于伪装，肤色和泥沙的颜色十分相似，敌人想要找到它，可不那么容易。

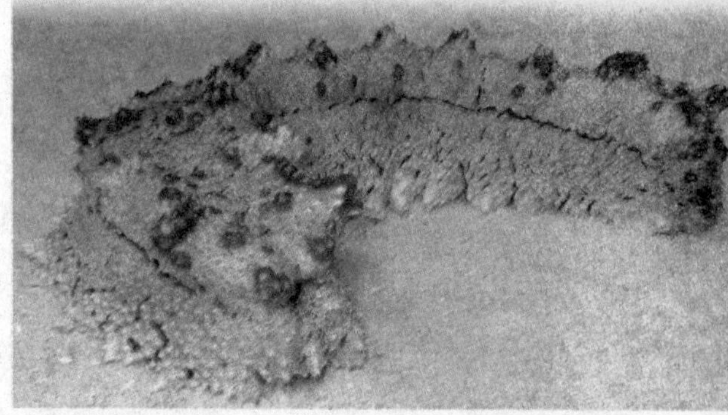

▲ 正在蠕动的海参

神奇的再生

每当遇到危险不能逃脱，海参就会把内脏迅速从肛门抛向敌人。即使不幸被敌人切断身体，经过一段时间的生长，它的身体或者内脏也会重新长出。

小知识

冬天水冷时，浮游生物会潜到海底，给海参提供了充足的食物。

独特的休眠期

聪明的海参会选择冬天出来活动，这时食物充足，大部分动物都会进入休眠状态。而当夏季来临，其他动物都很活跃时，海参却开始进入休眠期。

预报天气

海参能够预报天气。在暴风骤雨来临之前，海参会躲到石缝里，渔民们会以此预知风暴，立即收网返航。

▶ 海参就像一个小黄瓜

hǎi kuí

海葵

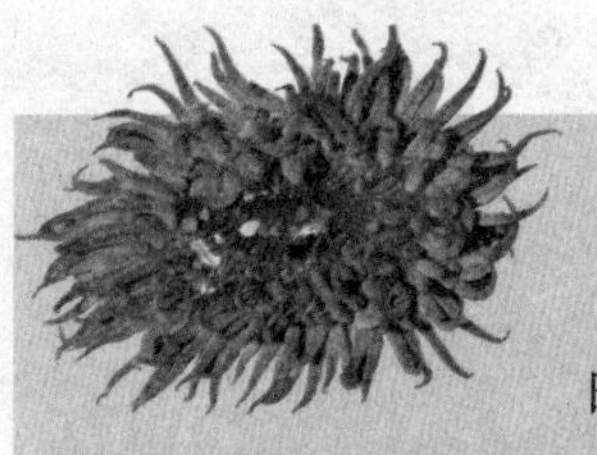

hǎi kuí kàn qǐ lái hěn xiàng kuí huā qí shí tā shì dì dì dào dào
海葵看起来很像葵花，其实它是地地道道
de hǎi yáng dòng wù hǎi kuí méi yǒu gǔ gé fù zhuó zài hǎi dǐ yán shí
的海洋动物。海葵没有骨骼，附着在海底岩石
huò qí tā dòng wù shēnshang suí tā men yī qǐ huǎnmàn yí dòng hǎi kuí shòumìng hěn cháng dà duō
或其他动物身上，随它们一起缓慢移动。海葵寿命很长，大多
shù xǐ huan qī xī zài qiǎn hǎi hé yán àn de shuǐ wā huò shí fèngzhōng
数喜欢栖息在浅海和岩岸的水洼或石缝中。

wǔ yán liù sè de hǎi kuí xiàng yī duǒ
▲五颜六色的海葵像一朵
shèng kāi de huā ér
盛开的花儿

wài xíng duō biàn

外形多变

hǎi kuí xíngzhuàngduōzhǒngduōyàng yǒu de hǎi kuí
海葵形状多种多样。有的海葵
xiàngxiàng rì kuí yī yàng chù shǒu zhǎng zài shēn tǐ biān
像向日葵一样，触手长在身体边
yuán yǒu de shēn tǐ hěn xiǎo bèi zì jǐ de chù shǒu
缘；有的身体很小，被自己的触手
bāo wéi zhe hǎoxiàng yī gè hài xiū de xiǎo gū niang
包围着，好像一个害羞的小姑娘。

wán pí de jiā huo

顽皮的家伙

hǎi kuí fù zhuó zài yán shí bèi ké páng xiè děng
海葵附着在岩石、贝壳、螃蟹等
wù tǐ shangshēnghuó rú guǒ zài yī gè dì fāng dāi nì
物体上生活。如果在一个地方待腻
le tā jiù huì yòngpán zú huǎnmàn de pá xíng huò gān
了，它就会用盘足缓慢地爬行，或干
cuì fān gè gēn tou yǒu xiē tiáo pí de jiā huo hái huì
脆翻个跟头。有些调皮的家伙，还会
ràng jì jū xiè tuó zhe zì jǐ sì chù yóuguàng ne
让寄居蟹驮着自己四处游逛呢！

měi lì de xiàn jǐng
美丽的陷阱

nǐ yě xǔ xiǎng bù dào hǎi kuí shì
你也许想不到，海葵是
yī zhǒng cán rěn de ròu shí dòng wù yú
一种残忍的肉食动物。鱼、
bèi ké fú yóu dòng wù hé rú chóng dōu shì
贝壳、浮游动物和蠕虫都是
tā xǐ huan de shí wù yóu yú yī dàn bèi
它喜欢的食物。游鱼一旦被
hǎi kuí dài yǒu dú yè de chù shǒu cì zhòng
海葵带有毒液的触手刺中，
jiù huì chéng wéi qí fù zhōng měi cān
就会成为其腹中美餐。

hǎi kuí de chù shǒu yǒu dú yè kě yǐ bāng zhù hǎi kuí bǔ huò shí wù
▲海葵的触手有毒液，可以帮助海葵捕获食物。

小知识

wèi le zhēng duó dì pán hé shí wù hǎi kuí shí cháng huì yǔ zì jǐ de tóng lèi jìn xíng zhēng dòu
为了争夺地盘和食物，海葵时常会与自己的同类进行争斗。

yī duì hǎo dā dàng
一对好搭档

hǎi kuí yǔ xiǎo chǒu yú shì yī duì
海葵与小丑鱼是一对
hǎo dā dàng měi tiān xiǎo chǒu yú huì dài
好搭档。每天小丑鱼会带
lái shí wù yǔ hǎi kuí gòng xiǎng ér dāng
来食物与海葵共享，而当
xiǎo chǒu yú yù dào wēi xiǎn shí hǎi kuí
小丑鱼遇到危险时，海葵
yě huì yòng zì jǐ de shēn tǐ bǎ tā bāo
也会用自己的身体把它包
guǒ qǐ lái bǎo hù xiǎo chǒu yú
裹起来，保护小丑鱼。

hǎi kuí yǔ xiǎo chǒu yú
▶海葵与小丑鱼

海兔

海兔，也叫海蛞蝓，被称为“海底宝石”。它身体柔软，静止不动时，非常像一只蹲在地上的小白兔，被古罗马人称为“海兔”。后来，人们觉得这个名字很形象，所以就流传下来了。

◀ 海兔会随着环境改变颜色

变色大师

海兔是海洋中的变色大师。它为了保护自己，会随着环境变换颜色。一到有海藻的地方，它就会大吃特吃。吃的海藻是什么颜色，它就会变成什么颜色。

胃里的牙齿

海兔和陆地上的蜗牛一样，有一条长长的舌头，上面布满了细锐的牙齿，并且胃里也有“牙齿”，可以帮助它们进一步磨碎食物。

小知识

海兔的贝壳薄而透明，完全覆盖在外套膜之下，从外面根本看不到。

hù shēnmiào jì

护身妙计

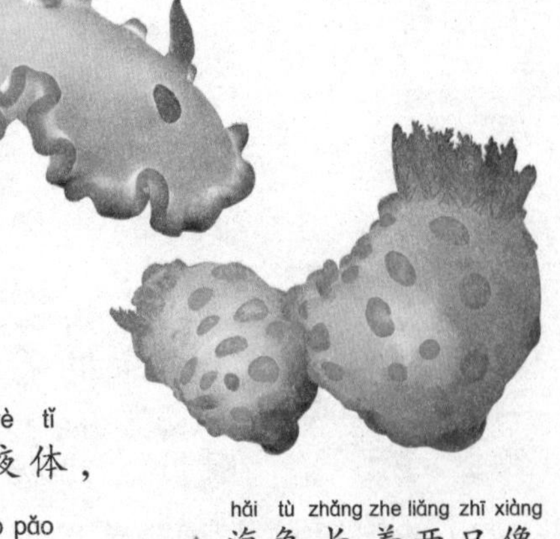

hǎi tù tǐ nèi yǒu liǎng zhǒng xiàn tǐ
海兔体内有两种腺体，
rú guǒ pèng shàng liè wù tā jiù mǎ shàng pēn
如果碰上猎物，它就马上喷
chū dú yè liè wù lì kè zuì de xiàng yī tān ní
出毒液，猎物立刻醉得像一滩泥。
rú guǒ yù jiàn tiān dí hǎi tù jiù huì shì fàng chū zǐ sè yè tǐ
如果遇见天敌，海兔就会释放出紫色液体，
jiāng zhōu wéi hǎi shuǐ rǎn chéng zǐ hóng sè tā zé chéng jī táo pǎo
将周围海水染成紫红色，它则乘机逃跑。

hǎi tù zhǎng zhe liǎng zhī xiàng tù zi yī yàng de xiǎo ěr duo
▲海兔长着两只像兔子一样的小耳朵

fēn gōng míng què

分工明确

hǎi tù tóu shang zhǎng zhe liǎng duì fēn gōng míng què de chù jiǎo qián mian yī duì jiào duǎn zhuān guǎn
海兔头上长着两对分工明确的触角。前面一对较短，专管
chù jué hòu mian yī duì jiào cháng zhuān guǎn xiù jué pá xíng shí hòu mian nà duì chù jiǎo chéng bā
触觉；后面一对较长，专管嗅觉。爬行时，后面那对触角成“八”
zì xíng xiàng qián xié shēn xiù zhe zhōu wéi de qì wèi xiū xi shí chù jiǎo huì bìng lǒng zhí zhí shù qǐ
字形向前斜伸，嗅着周围的气味；休息时触角会并拢，直直竖起。

hǎi tù wǔ yán liù sè fēi cháng piào liang rén men yīn cǐ jiào tā hǎi dǐ bǎo shí
▲海兔五颜六色，非常漂亮，人们因此叫它“海底宝石”

hǎi bèi
海贝

hǎi bèi shì shēnghuó zài hǎi yángzhōng de bèi lèi de zǒngchēng hǎi luó
海贝是生活在海洋中的贝类的总称，海螺、
shàn bèi mǔ lì chē qú zhēn zhū bèi děng dōu shì hǎi bèi jiā zú zhōng de
扇贝、牡蛎、砗磲、珍珠贝等都是海贝家族中的
zhòng yào chéngyuán tā men de gòngtóng tè diǎn shì shēn tǐ wài bù yǒu wǔ yán liù sè xíngzhuàng gè
重要成员。它们的共同特点是身体外部有五颜六色、形状各
yì de ké
异的壳。

piàoliang de gé lí ké shì hǎi bèi ké de yī zhǒng
▲ 漂亮的蛤蜊壳是海贝壳的一种

hǎi bèi de chéngzhǎng
海贝的成长

hǎi bèi de ké kě yǐ bǎo hù zì jǐ
▲ 海贝的壳可以保护自己

hǎi bèi shì luǎnshēngdòng wù luǎn fū huà hòu biànchéngyòu
海贝是卵生动物，卵孵化后变成幼
chóng yòuchóngyǒu yī gè yòu báo yòu píng huá de ké jiù xiàng
虫，幼虫有一个又薄又平滑的壳，就像
jī dàn nèi céng de mó suí zhe yòuchóng yī diǎn diǎn zhǎng dà
鸡蛋内层的膜。随着幼虫一点点长大，
wài ké mó huì bù duàn de fēn mì shí huī zhì ké yě jiù yuè biàn
外壳膜会不断地分泌石灰质，壳也就越变
yuè dà le biǎomiàn huì liú xià yī quānquān de shēngzhǎngxiàn
越大了，表面会留下一圈圈的生长线。

zhēnzhū de xíngchéng
珍珠的形成

zhēnzhū shì hǎi bèi yòngtòng kǔ huàn lái de dāngshā lì jìn rù
珍珠是海贝用痛苦换来的。当沙砾进入
hǎi bèi de ké lǐ shí tā men de tào mó jiù huì fēn mì chū yī zhǒng
海贝的壳里时，它们的套膜就会分泌出一种
jiào zhū mǔ de wù zhì lái bāo guǒ shā lì dāng fù gài shā lì de zhū mǔ
叫珠母的物质来包裹沙砾。当覆盖沙砾的珠母
zú gòu hòu shí zhēnzhū biànxíngchéng le
足够厚时，珍珠便形成了。

小知识

mǔ lì sú chēng háo
牡蛎俗称蚝，
shì wéi yī néngshēng chī de
是唯一能生吃的
bèi lèi bèi ōu zhōu rén yù
贝类，被欧洲人誉
wéi hǎi yáng de mǎ nǎo
为“海洋的玛瑙”。

jué dǐngcōngmíng
绝顶聪明

jué dà bù fen hǎi bèi dōu bù huì yóuyǒng tā menchángchángpān
绝大部分海贝都不会游泳，它们常常攀
fù zài hǎi biān de yán shí hé shān hú jiāoshang huò shì jiāngshēn tǐ mái jìn
附在海边的岩石和珊瑚礁上，或是将身体埋进
shāzhōng qī xī bù guò yǒu xiē bèi lèi fēi chángcōngmíng tā men huì tiē
沙中栖息。不过有些贝类非常聪明，它们会贴
zài hǎi guī huò hǎi xiè de ké shang suí tā men yī qǐ sì chù yóuguàng
在海龟或海蟹的壳上，随它们一起四处游逛。

jí cì mǔ lì
棘刺牡蛎

jí cì mǔ lì shì hǎi bèi jiā zú de hěn jué sè
棘刺牡蛎是海贝家族的“狠角色”。
tā de ké shangzhǎngmǎn le yìng cì yù dào wēi xiǎn shí jiù
它的壳上长满了硬刺，遇到危险时，就
huì pā de yī shēng hé shàng bèi ké jiāngjiān ruì de jí
会“啪”的一声合上贝壳，将尖锐的棘
cì duìzhǔn xí jī zhě
刺对准袭击者。

shā tān bèi ké
▶ 沙滩贝壳

chē qú

砗磲

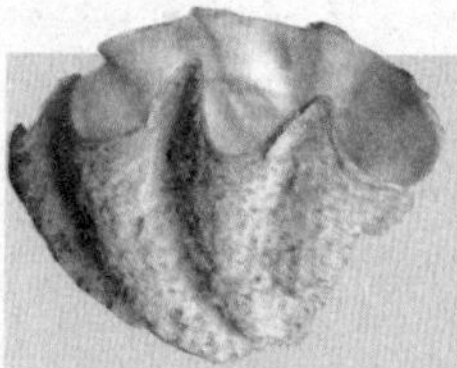

chē qú yě jiào chē qú xǐ huan shēng huó zài rè dài hǎi yù de shān
砗磲，也叫车渠，喜欢生活在热带海域的珊
hú jiāo huán jìng zhōng cóng wài biǎo shang kàn tā jiù xiàng yī gè méi yǒu léng jiǎo
瑚礁环境中。从外表上看，它就像一个没有棱角
de sān jiǎo xíng ké dà dà de hòu hòu de ké miàn hěn cū cāo yǒu de lèi shang hái zhǎng zhe
的三角形，壳大大的，厚厚的，壳面很粗糙，有的肋上还长着
cū dà de lín piàn
粗大的鳞片。

bèi lèi jiā zú zhōng de jù rén

贝类家族中的巨人

chē qú shì bèi lèi jiā zú zhōng zuì dà de yī wèi chéng yuán tā
砗磲是贝类家族中最大的一位成员。它
de zhí jìng kě dá mǐ tǐ zhòng duō qiān kè xū yào hǎo jǐ
的直径可达1米，体重200多千克，需要好几
gè rén yī qǐ cái néng bǎ tā tái qǐ lái
个人一起才能把它抬起来。

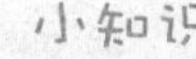

mù qián shì jiè shang
目前世界上
chē qú yǒu zhǒng zài yìn
砗磲有9种，在印
dù yáng xī tài píng yáng dōu
度洋、西太平洋都
néng kàn jiàn tā men
能看见它们。

名字由来

在2000多年前，人们看砗磲外壳有一道道沟槽，像车轱辘在路上碾过去留下的痕迹，因此就把它称作“车渠”。后来，人们又在“车渠”旁加上石字旁，成为了“砗磲”。

▲紫色砗磲

特殊的邻居

砗磲有一位非常特殊的邻居，它就是虫黄藻。虫黄藻就住在砗磲的家里，借砗磲的外套膜进行繁殖，而砗磲则以虫黄藻为主要食物。

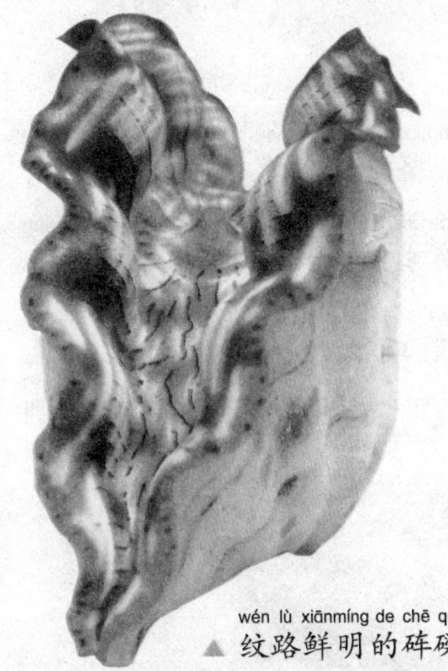

▲纹路鲜明的砗磲

被冤枉的砗磲

有人说，潜到水里的人会被砗磲捉住，这可真是冤枉了砗磲。因为它的壳总是覆盖着厚厚的藻类，无法完全闭合。即使闭合，速度也非常慢，就是不小心把脚放进去，也能来得及抽出来。

hǎi luó
海螺

hǎi luó shēn tǐ róu ruǎn shì ruǎn tǐ dòng wù shēnghuó zài yán hǎi qiǎn
海螺身体柔软，是软体动物，生活在沿海浅
hǎi shuǐ yù tā zhǎngzhe hòu hòu yìng yìng de wài ké róu ruǎn de shēn tǐ jiù
海水域。它长着厚厚硬硬的外壳，柔软的身体就
cáng zài ké lǐ kě yǐ huò dé bǎo hù dàn shì yīn wèi yìng ké huì fáng ài huó dòng suǒ yǐ tā
藏在壳里，可以获得保护。但是因为硬壳会妨碍活动，所以它
xíng dòng qǐ lái fēi cháng huǎn màn
行动起来非常缓慢。

hǎi luó dà xiǎo
海螺大小

hǎi luó xǐ huan shēng huó zài qiǎn shuǐ píng tǎn de ní dì
海螺喜欢生活在浅水、平坦的泥地
huò shēn lái mǐ de shuǐ zhōng duō shù hǎi luó shēn tǐ cháng yuē lí
或深200来米的水中。多数海螺身体长约7厘
mǐ lí mǐ yǒu xiē shēn tǐ hěn cháng néng dá dào jìn lí mǐ ne
米~10厘米，有些身体很长，能达到近20厘米呢！

hǎi luó de ké
▲ 海螺的壳

piàoliang de wài ké
漂亮的外壳

hǎi luó de wài ké fēi cháng jiān yìng yán sè yě gè bù xiāngtóng
海螺的外壳非常坚硬，颜色也各不相同，
yǒu xiē shì huī huáng sè de yǒu xiē shì hè sè de wài ké biǎomiàn
有些是灰黄色的，有些是褐色的。外壳表面
kàn shàng qù fēi cháng cū cāo ké kǒu hěn dà ké lǐ miàn shì hóng sè
看上去非常粗糙，壳口很大，壳里面是红色
de yě yǒu huáng sè de kàn shàng qù fēi cháng guāng
的，也有黄色的，看上去非常光
huá piàoliang
滑漂亮。

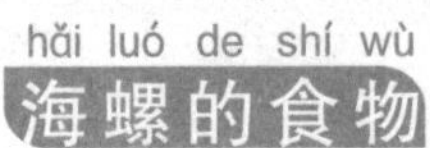

hǎi luó de shí wù
海螺的食物

hǎi luó yòng yī zhī dà ér jiàn
海螺用一只大而健
zhuàng de zú lái xíng zǒu tā jī hū shén
壮的足来行走，它几乎什
me dōu chī zài bǔ shí shí hǎi luó huì yòng
么都吃。在捕食时，海螺会用
zì jǐ de yìng ké qiào kāi huò jī suì qí tā ruǎn tǐ dòng
自己的硬壳撬开或击碎其他软体动
wù de wài ké lái tūn shí ké lǐ de ròu
物的外壳，来吞食壳里的肉。

hǎi luó hé bèi ké
▶ 海螺和贝壳

pánzhōngmíngzhū
"盘中明珠"

mù qián hǎi luó zhǔ yào yòng yú shuǐchǎn bǔ lāo hé zhì zuògōng yì pǐn hǎi luó ròu fù hán dàn
目前，海螺主要用于水产捕捞和制作工艺品。海螺肉富含蛋
bái zhì wèi dào xiān měi xì nì shì diǎn xíng de tiān rán dòng wù xìng bǎo jiàn shí pǐn sù yǒu pán
白质、味道鲜美细腻，是典型的天然动物性保健食品，素有"盘
zhōngmíngzhū de měi yù
中明珠"的美誉。

hǎi luó
◀ 海螺

小知识

měi guó yǒu hěn duō
美国有很多
zhǒng hǎi luó chǎnliàng zuì dà
种海螺，产量最大
de shì gōu luó kě zhì chéng
的是沟螺，可制成
měi wèi jiā yáo
美味佳肴。

yīng wǔ luó
鹦鹉螺

yīng wǔ luó hé huì shuō huà de yīng wǔ yī yàng měi lì zǎo zài yì
鹦鹉螺和会说话的鹦鹉一样美丽，早在5亿
nián qián tā men jiù kāi shǐ zài měi lì de dì qiú shang shēng huó le bái
年前，它们就开始在美丽的地球上生活了。白
tiān tā men dāi zài shuǐ dǐ yī dào wǎnshang jiù yóu dào qiǎn hǎi bǔ zhuō yī xiē xiǎo yú er
天，它们呆在水底，一到晚上，就游到浅海，捕捉一些小鱼儿
lái chī
来吃。

huó huà shí
活化石

yīng wǔ luó yǐ jīng zài dì qiú shang jīng lì le shù yì nián
鹦鹉螺已经在地球上经历了数亿年
de yǎn biàn dàn tā de wài xíng xí xìng děng biàn huà hěn xiǎo
的演变，但它的外形、习性等变化很小，
suǒ yǐ bèi chēng zuò hǎi yáng zhōng de huó huà
所以被称作海洋中的“活化
shí zài yán jiū shēng wù jìn huà hé gǔ shēng wù
石”，在研究生物进化和古生物
xué děng fāng miàn yǒu hěn gāo de jià zhí
学等方面有很高的价值。

yīng wǔ luó
▲鹦鹉螺

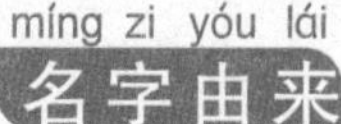

míng zi yóu lái
名字由来

yīng wǔ luó bēi zhe yī gè rǔ bái sè luó xuán zhuàng de wài ké
鹦鹉螺背着一个乳白色螺旋状的外壳，
tā de ké báo báo de qīng qīng de fēi cháng guāng huá zhěng gè wài
它的壳薄薄的，轻轻的，非常光滑，整个外
xíng hěn xiàng yīng wǔ de zuǐ ba yīn cǐ rén men jiào tā yīng wǔ luó
形很像鹦鹉的嘴巴，因此人们叫它“鹦鹉螺”。

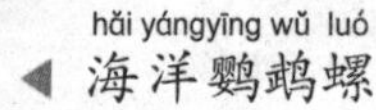

hǎi yáng yīng wǔ luó
◀海洋鹦鹉螺

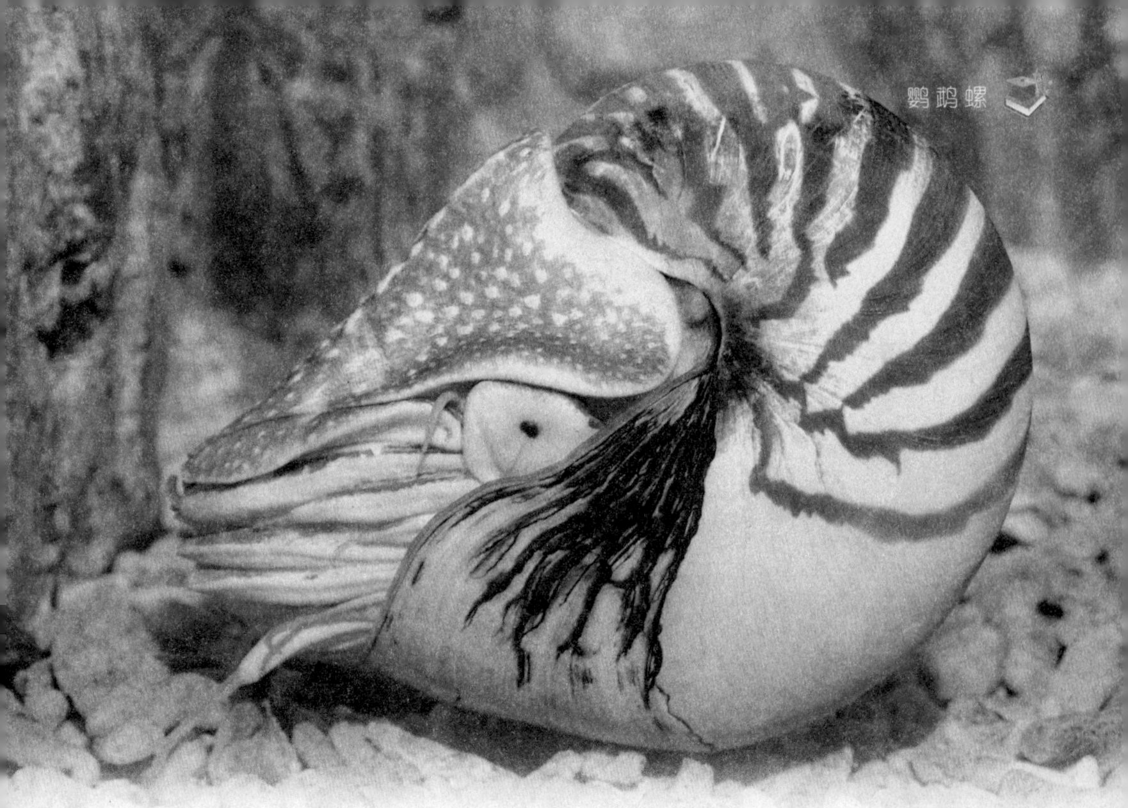

yīng wǔ luó de ké tè bié báo kàn shàng qù xiàng yīng wǔ de zuǐ ba
▲鹦鹉螺的壳特别薄，看上去像鹦鹉的嘴巴

yōu yǎ de piāo fú zhě
优雅的漂浮者

zài bào fēng yǔ guò hòu fēng píng làng jìng de yè wǎn dà qún de yīng wǔ luó jiù huì fú yóu zài hǎi miàn shang tā jiāng zì jǐ de tóu jí wàn wán quán shū zhǎn kāi lái hǎo xiàng zài xiǎng shòu hǎi làng de ān fǔ bèi rén men chēng wéi yōu yǎ de piāo fú zhě
在暴风雨过后，风平浪静的夜晚，大群的鹦鹉螺就会浮游在海面上。它将自己的头及腕完全舒展开来，好像在享受海浪的安抚，被人们称为“优雅的漂浮者”。

dǐng jí lüè shí zhě
“顶级掠食者”

yīng wǔ luó shì xiàn dài zhāng yú wū zéi de qīn qī bié kàn xiàn zài tā de shù liàng bù duō dàn zài jù jīn yuē yì nián qián tā de shēn yǐng jī hū biàn bù quán qiú shēn cháng kě dá shí duō mǐ shì dāng shí hǎi yáng lǐ de dǐng jí lüè shí zhě
鹦鹉螺是现代章鱼、乌贼的亲戚。别看现在它的数量不多，但在距今约4亿年前，它的身影几乎遍布全球，身长可达十多米，是当时海洋里的顶级掠食者。

小知识

yīng wǔ luó de zǔ xiān zú qún dá duō zhǒng shǎo shù yīng wǔ luó hòu dài jū zhù zài yìn dù yáng zhōng
鹦鹉螺的祖先族群达30多种，少数鹦鹉螺后代居住在印度洋中。

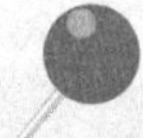

hǎi xīng
海星

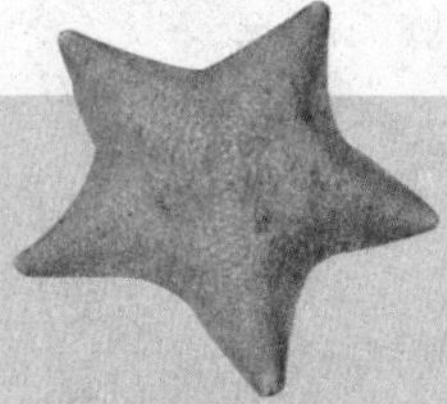

hǎi xīng　sú chēng　xīng yú　shì yī zhǒng fēi cháng piào liang de
海星，俗称“星鱼”，是一种非常漂亮的
hǎi yáng dòng wù　tā zhǐ yǒu shǒu zhǎng dà xiǎo　kàn shàng qù jiù xiàng yī kē
海洋动物。它只有手掌大小，看上去就像一颗
měi lì de xīng xing　hǎi xīng tǐ sè xiān yàn　dà duō hái kě yǐ suí huán jìng biàn huà ér gǎi biàn shēn
美丽的星星。海星体色鲜艳，大多还可以随环境变化而改变身
tǐ yán sè
体颜色。

xiǎo xīng xing
“小星星”

hǎi xīng kàn shàng qù yī diǎn yě bù xiàng dòng wù　tā shēn tǐ
海星看上去一点也不像动物，它身体
biǎn píng　méi yǒu tóu hé wěi ba　cháng cháng xǐ huan bǎ shēn tǐ tiē
扁平，没有头和尾巴，常常喜欢把身体贴
zài yán shí shang　zhǎn kāi duō gè wàn zú　jiù xiàng tiān kōng zhōng shǎn
在岩石上，展开多个腕足，就像天空中闪
shuò de xiǎo xīng xing
烁的小星星。

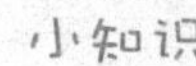

小知识

hǎi xīng měi zhī wàn zú
海星每只腕足
shang dōu yǒu　yǎn diǎn　kě
上都有“眼点”，可
yǐ fēn biàn chū huán jìng de míng
以分辨出环境的明
àn
暗。

piàoliang de hǎi xīng
▲漂亮的海星

xiōngměng de ròu shí zhě
凶猛的肉食者

bié kàn hǎi xīng zhǎng de hěn guāi qiǎo méi yǒu shén me wēi xiǎn qí shí tā men dāng zhōng de bù shǎo chéng yuán dōu shì xiōng měng de ròu shí zhě tā men jīng cháng qī líng ruò xiǎo dòng wù rú bèi lèi hǎi dǎn páng xiè hé hǎi kuí děng

别看海星长得很“乖巧”，没有什么危险。其实，它们当中的不少成员都是凶猛的肉食者，它们经常欺凌弱小动物，如贝类、海胆、螃蟹和海葵等。

wēn róu de yī miàn
温柔的一面

hǎi xīng suī rán zài bǔ shí shí hěn xiōng cán dàn duì zì jǐ de hái zi què shí fēn wēn róu hǎi xīng chǎn luǎn hòu jiù huì shù qǐ wàn zú xíng chéng yī gè bǎo hù sǎn ràng luǎn zài lǐ miàn fū huà yǐ miǎn bèi qí tā dòng wù chī diào

海星虽然在捕食时很凶残，但对自己的孩子却十分温柔。海星产卵后，就会竖起腕足，形成一个保护伞，让卵在里面孵化，以免被其他动物吃掉。

zài shēng néng lì
再生能力

hǎi xīng de zài shēng néng lì hěn qiáng dāng pèng dào qiáng jìng de dí rén tā jiù huì lì jí tuō diào wàn zú táo zhī yāo yāo nòng duàn de wàn zú bù jiǔ hòu huì chóng xīn zhǎng chū lái jí shǐ wàn zú bèi fēn chéng jǐ duàn měi yī duàn hái néng zhǎng chéng yī zhī xīn de hǎi xīng

海星的再生能力很强。当碰到强劲的敌人，它就会立即脱掉腕足逃之夭夭。弄断的腕足不久后会重新长出来。即使腕足被分成几段，每一段还能长成一只新的海星。

hóng sè hǎi xīng
▲红色海星

shé wěi

蛇尾

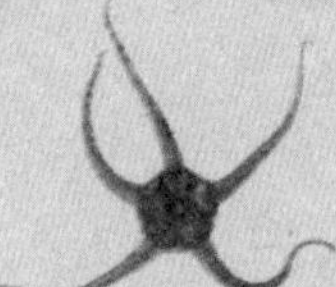

shé wěi yě jiào yáng suì zú tǐ pán bǐ jiào dà wàn xì xì de
蛇尾，也叫阳遂足，体盘比较大，腕细细的，
chángcháng de shàngmiànzhǎngzhe hěn duō jí cì tā men xǐ huan qún jū xǐ
长长的，上面长着很多棘刺。它们喜欢群居，喜
huanshēnghuó zài shā zhì shí zhì de hǎi chuáng hé shān hú jiāo huán jìng zhōng shì jiè gè dà hǎi yáng
欢生活在沙质、石质的海床和珊瑚礁环境中，世界各大海洋
dōu yǒu tā men de shēn yǐng
都有它们的身影。

míng zi yóu lái

名字由来

jù tǒng jì quán shì jiè hǎi yángzhōngyuē yǒu duōzhǒngshé wěi lèi dòng wù wǒ guó yán
据统计，全世界海洋中约有1800多种蛇尾类动物，我国沿
hǎi jiù yǒu bǎi yú zhǒng yīn wèi tā menwàn de xíngzhuàng hé yùndòng zī shì hěnxiàngshé de wěi ba suǒ
海就有百余种。因为它们腕的形状和运动姿势很像蛇的尾巴，所
yǐ bèi chēngzuò shé wěi
以被称作“蛇尾”。

pā zài hǎi miánshang de shé wěi
▼趴在海绵上的蛇尾

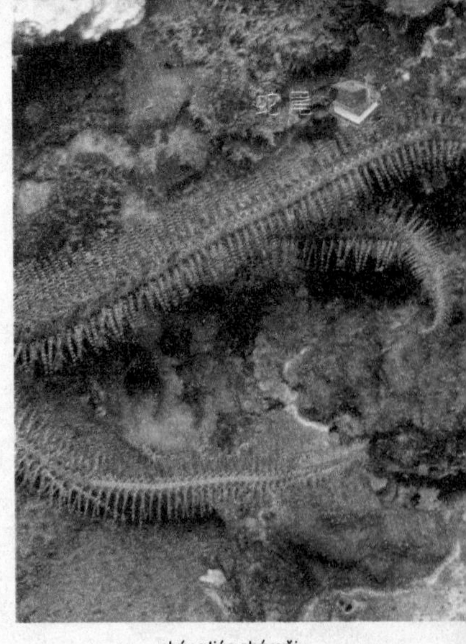

▲ 长条蛇尾

喜欢的食物

蛇尾喜欢吃腐肉和浮游生物，如硅藻、有孔虫、小型蠕虫等，有时也吃甲壳类动物。腕和口部的触手，是它摄取食物最主要的器官。捕食时，它会用一个腕或多个腕来抓取食物，其他腕则用来固定身体。

小知识

蛇尾数量惊人，从两极寒冷水域到热带海洋，到处都有它的踪迹。

再生能力

蛇尾的腕很容易断，它常常靠切断腕来脱逃敌害。人们在海边采集蛇尾时，一不小心就会把它的腕弄断。不过不用担心，它的再生能力很强，断了腕后还可以再长出来的。

误当海星

蛇尾看起来和海星非常像，虽然蛇尾在4亿年前已经分布于全球，但化石并不常见。以前，由于蛇尾扁平状的体形与海星十分相像，一些远古的物种曾被错误地归纳为海星。

▲ 长着五只腕足的蛇尾

hǎi bǎi hé
海百合

zài hǎi yáng lǐ, shēnghuó zhe yī zhǒng měi lì de dòng wù, tā de shēn tǐ kàn qǐ lái jiù xiàng yī zhū zhí wù, rén men yīn cǐ gěi tā qǔ míng jiào hǎi bǎi hé. hǎi bǎi hé shì yī zhǒng gǔ lǎo de hǎi yáng dòng wù, zài jǐ yì nián qián de yuǎn gǔ hǎi yáng lǐ, dào chù dōu yǒu tā men de shēn yǐng.

在海洋里，生活着一种美丽的动物，它的身体看起来就像一株植物，人们因此给它取名叫海百合。海百合是一种古老的海洋动物，在几亿年前的远古海洋里，到处都有它们的身影。

céngjīng de huīhuáng
曾经的辉煌

yuǎn gǔ shí dài, hǎi bǎi hé shùliàng fēi cháng páng dà, pǐn zhǒng fán duō. tā men dà miàn jī de fù gài zài hǎi dǐ, liú xià le xǔ duō huà shí. hòu lái hǎi yáng wù zhǒng miè jué, hǎi bǎi hé de zǔ xiān yě tuì chū lì shǐ wǔ tái.

远古时代，海百合数量非常庞大，品种繁多。它们大面积地覆盖在海底，留下了许多化石。后来海洋物种灭绝，海百合的祖先也退出历史舞台。

màoshèng de zhí wù
茂盛的植物

hǎi bǎi hé zhǒng lèi hěn duō, shēn shang wàn zú de duōshǎo yě bù yī yàng. jué dà bù fen hǎi bǎi hé dōu yōngyǒu zhī wàn zú, yǒu de shèn zhì yǒu zhī zhī duō, xiàng yī zhū màoshèng de zhí wù. yǒushǎoshù hǎi bǎi hé de wàn zú kàn qǐ lái hěn xī shū, zhǐ yǒu zhī.

海百合种类很多，身上腕足的多少也不一样。绝大部分海百合都拥有10~50只腕足，有的甚至有200只之多，像一株茂盛的植物。有少数海百合的腕足看起来很稀疏，只有5只。

shēnghuó zài hǎi dǐ shēnchù de hǎi bǎi hé
◀ 生活在海底深处的海百合

yōu xiánshēnghuó
悠闲生活

hǎi bǎi hé xǐ huan chī hǎi lǐ de fú yóushēng wù
海百合喜欢吃海里的浮游生物。
bǔ shí shí hǎi bǎi hé huì jiāngchùshǒugāo gāo jǔ qǐ shí
捕食时，海百合会将触手高高举起，食
wù jiù huì guāiguāi de sòng rù kǒuzhōng dāng tā chī bǎo hē zú
物就会乖乖地送入口中。当它吃饱喝足
hòu huì jiāngwàn zú shōulǒng xià chuí shuōmíng tā zhèng zài shuì jiào
后，会将腕足收拢下垂，说明它正在睡觉。

piàoliang de huáng hǎi bǎi hé
▲漂亮的黄海百合

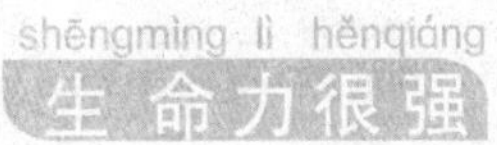
shēngmìng lì hěnqiáng
生命力很强

hǎi bǎi hé jīngcháng huì shòudào yú qún de gōng jī ér shī qù
海百合经常会受到鱼群的攻击，而失去
xìngmìng yǒu xiē hǎi bǎi hé bèi yǎoduàn le bǐng zhǐ liú xià zhī
性命。有些海百合被咬断了柄，只留下“枝
shang de huā duǒ dàn tā yī rán néngwánqiáng de cún huó xià lái
上的花朵”，但它依然能顽强地存活下来。
tā men bèi jiào zuò yǔ xīng wèi le shēngcún yǔ xīng zhǐ hǎo
它们被叫做“羽星”。为了生存，羽星只好
zài bái tiān duǒ qǐ lái wǎnshang cái tōu tōu mō mō de chéngqún chūdòng
在白天躲起来，晚上才偷偷摸摸地成群出洞。

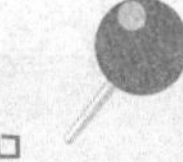
小知识

yǔ xīng xíng dòng zì yóu shēn tǐ néng suí huán jìng biàn sè yīn cǐ shì hǎi bǎi hé jiā zú zhōng de wàng zú
羽星行动自由，身体能随环境变色，因此是海百合家族中的旺族。

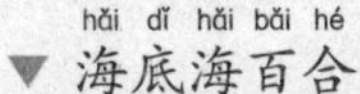
hǎi dǐ hǎi bǎi hé
▼海底海百合

hǎi xiè
海蟹

hǎi xiè sú chēng suō zi xiè bái xiè xǐ huan shēng huó zài yán àn
海蟹，俗称梭子蟹、白蟹，喜欢生活在沿岸
shuǐ shēn mǐ mǐ de ruǎn ní xià huò shuǐ cǎo zhōng tā men huì pá xíng
水深7米~100米的软泥下或水草中。它们会爬行，
yě huì yóu yǒng xǐ huan chī bèi ròu xiān yú xiǎo xiā zǎo lèi děng dàn qí guài de shì
也会游泳，喜欢吃贝肉、鲜鱼、小虾、藻类等。但奇怪的是，
hǎi xiè hái xǐ huan chī dòng wù shī tǐ yǒu shí shèn zhì yě chī tóng lèi
海蟹还喜欢吃动物尸体，有时甚至也吃同类。

jì jū xiè shì hǎi xiè de yī zhǒng
▲ 寄居蟹是海蟹的一种

xiōng měng hào dòu
凶猛好斗

hǎi xiè xǐ huan jū zhù zài ní shā dǐ bù tā men shàn yú yóu yǒng yě huì jué ní shā cháng
海蟹喜欢居住在泥沙底部。它们善于游泳，也会掘泥沙，常
qián fú hǎi dǐ huò hé kǒu fù jìn kàn hǎi xiè shēn shang de liǎng gè dà qián zi jiù zhī dào tā
潜伏海底或河口附近。看海蟹身上的两个“大钳子”，就知道它
men fēi cháng hào dòu
们非常好斗。

寿命很短

海蟹一般寿命为2年，很少超过3年。产卵时，它们会游向浅海港湾或河口附近。海蟹妈妈产卵孵化结束后，就会死亡，两三天后，海蟹爸爸也会死去。

抵御敌人

海蟹身体的颜色会随着周围环境而改变。它非常聪明，也有一套很强的本领。当遇到敌人时，它会向上举起一对大钳子来保护自己，吓跑敌人。如果敌人很强大，它会迅速掘洞，然后潜入泥中，让对方扑个空。

小知识

海蟹是我国沿海的重要经济蟹类，也是沿海地区重要的养殖品种。

海蟹的食物

海蟹属于杂食性动物，不同的生长阶段，吃的食物也不同。小海蟹喜欢吃素食，再大一点的海蟹比较喜欢吃肉食，如鲜鱼、小虾或贝肉等。

▲ 招潮蟹

lóng xiā
龙虾

lóng xiā yòu jiào dà xiā lóng tóu xiā hǎi xiā yī bān tǐ cháng
龙虾，又叫大虾、龙头虾、海虾，一般体长
yuē lí mǐ lí mǐ tā de tóu xiōng bù hěn dà pī zhe yī céng
约20厘米~40厘米。它的头胸部很大，披着一层
guāng huá ér yòu jiān yìng de wài ké shì xiā lèi zhōng zuì dà de yī lèi jù shuō zuì zhòng de lóng
光滑而又坚硬的外壳，是虾类中最大的一类。据说，最重的龙
xiā néng dá dào qiān kè yǐ shàng bèi rén men chēng zuò lóng xiā hǔ
虾能达到5千克以上，被人们称作“龙虾虎”。

zhòu fú yè chū
昼伏夜出

lóng xiā xǐ huan qún jū yǒu shí tā men huì chéng qún
龙虾喜欢群居，有时它们会成群
jié duì de zài hǎi dǐ qiān xǐ chǎng miàn fēi cháng zhuàng guān
结队地在海底迁徙，场面非常壮观。
lóng xiā de shēn tǐ dà duō shì xiǎn yǎn de dà hóng sè wèi le
龙虾的身体大多是显眼的大红色，为了
bù yǐn qǐ dí rén de zhù yì tā bái tiān dà bù fen shí jiān
不引起敌人的注意，它白天大部分时间
dōu duǒ zài shí fèng lǐ dào le wǎn shang cái chū lái mì shí
都躲在石缝里，到了晚上才出来觅食。

wǔ shì
“武士”

lóng xiā xiàng yī gè wēi fēng lǐn lǐn de wǔ shì
龙虾像一个威风凛凛的“武士”。
měi dāng yù dào dí rén tā men huì tōng guò chù jiǎo yǔ wài
每当遇到敌人，它们会通过触角与外
gǔ gé zhī jiān de mó cā fā chū yī zhǒng jiān ruì de mó
骨骼之间的摩擦，发出一种尖锐的摩
cā yīn yǐ jīng xià tiān dí
擦音，以惊吓天敌。

lóng xiā hào dòu
龙虾好斗

lóng xiā de tóu xiōng bù bāo zhe yī céng jiān
▲龙虾的头胸部包着一层坚
rèn de jiǎ ké
韧的甲壳。

lóng xiā xǐ huan chī wō niú bèi ké páng xiè hǎi
龙虾喜欢吃蜗牛、贝壳、螃蟹、海
dǎn děng yǒu shí yě chī yī xiē cán shī lóng xiā shēngxìng
胆等，有时也吃一些残尸。龙虾生性
hào dòu chángcháng wèi le zhēngduó shí wù hé dì pán shì
好斗，常常为了争夺食物和地盘，恃
qiáng líng ruò pīn de nǐ sǐ wǒ huó
强凌弱，拼得你死我活。

小知识

lóng xiā yǒu tuǐ yǒu chù
龙虾有腿有触
xū tā néng zài shuǐzhōng zì
须，它能在水中自
zài de yóu yǒng yòu néng zài
在地游泳，又能在
yán shí jiān dào chù zǒu dòng
岩石间到处走动。

fēn bù qū yù
分布区域

quán shì jiè gòngyǒu lóng xiā duōzhǒng zhǔ yào fēn bù yú
全世界共有龙虾400多种，主要分布于
rè dài hǎi yù běi měizhōu shì lóng xiā fēn bù zuì duō de dà lù lóng
热带海域，北美洲是龙虾分布最多的大陆。龙
xiā xǐ huan shēnghuó zài wēnnuǎn hǎi yù zhī zhōng zài yán shí hé shān hú
虾喜欢生活在温暖海域之中，在岩石和珊瑚
jiāo de fèng xì zhī zhōng chángcháng huì yǒu tā men de shēnyǐng
礁的缝隙之中，常常会有它们的身影。

lín xiā
磷虾

lín xiā shì hǎi yángzhōng de fú yóu dòng wù shù liàng hěn dà fēn bù fēi chángguǎng fàn shì
磷虾是海洋中的浮游动物，数量很大，分布非常广泛，是
xǔ duō yú lèi hé jīng de zhòngyào shí wù yě shì yú yè de bǔ lāo duì xiàng tā menchángcháng xǐ
许多鱼类和鲸的重要食物，也是渔业的捕捞对象。它们常常喜
huan jù jí zài yī qǐ yī bān wǎnshang huì zài shuǐ miànshang huó dòng tài yáng yī chū lái tā men
欢聚集在一起，一般晚上会在水面上活动，太阳一出来，它们
yòu huì qián rù shuǐzhōng
又会潜入水中。

kù sì xiǎo xiā
酷似小虾

lín xiā shēn tǐ tòu míng huì fā chū liàngliàng de lín guāng wài
磷虾身体透明，会发出亮亮的磷光，外
xíng fēi chángxiàngxiǎo xiā shēn tǐ chángyuē lí mǐ lí mǐ
形非常像小虾，身体长约1厘米～2厘米，
zuì dà zhǒng lèi yuēcháng lí mǐ xiǎoxíng jiǎ ké dòng wù hé xiǎoxíng
最大种类约长5厘米。小型甲壳动物和小型
fú yóudòng wù shì tā men xǐ huan de shí wù
浮游动物是它们喜欢的食物。

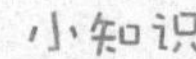
小知识

nán jí lín xiā gū jì
南极磷虾估计
zài nán dà yáng yǒu ruò gān yì
在南大洋有若干亿
dūn bèi yù wéi shì jiè wèi
吨，被誉为“世界未
lái de shí pǐn kù
来的食品库”。

lín xiā tóu bù
◀ 磷虾头部

chéngzhǎng
成长

lín xiā zài xià jì chǎnluǎn měi cì chǎnluǎn duō
磷虾在夏季产卵，每次产卵多
dá shù qiān lì zhè xiē xiā luǎn yī dàn tuō lí mǔ tǐ
达数千粒。这些虾卵一旦脱离母体，
jiù huì xià chéndào jǐ bǎi mǐ shēn de hǎi dǐ zài hǎi
就会下沉到几百米深的海底。在海
dǐ fū huàchéngyòu tǐ zài shēngzhǎng yī duàn shí jiān
底孵化成幼体，再生长一段时间
hòu cái huìshàng fú dào hǎi miànshang lái shè qǔ shí wù
后，才会上浮到海面上来摄取食物。

shēngzhǎnghuǎnmàn
生长缓慢

lín xiā chéngzhǎng fēi chánghuǎnmàn zài bīnglěng de
磷虾成长非常缓慢，在冰冷的
hǎi shuǐzhōng yòu xiā yào jīng guò gè jiē duàn bìng
海水中，幼虾要经过5个阶段，并
duō cì tuì ké cái néngzhǎngchéng lí mǐ cháng de chéng
多次蜕壳才能长成6厘米长的成
xiā shēngzhǎng qī dá nián nián zhī jiǔ zài zhè
虾，生长期达3年~4年之久。在这
qī jiān tā men yī zhí shì qún qī shēnghuó zài bīngcéng xià
期间，它们一直是群栖生活，在冰层下
dào chù huí yóu xúnzhǎo shí wù duǒ bì dí hài
到处洄游，寻找食物，躲避敌害。

xiǎoxiǎo de lín xiā huódòng kě shì hěn líng huó
▲小小的磷虾活动可是很灵活。

hào hàodàngdàng de huí yóu
浩浩荡荡的洄游

lín xiā yǒu shí huì jí tǐ huí yóu tā men yī lù hào hàodàngdàng xíngchéngcháng dá shù bǎi
磷虾有时会集体洄游，它们一路浩浩荡荡，形成长达数百
mǐ de duì wǔ cóng ér shǐ hǎi shuǐ de yán sè yě gēn zhe gǎi biàn zài bái tiān hǎi miànchéngxiàn yī
米的队伍，从而使海水的颜色也跟着改变。在白天，海面呈现一
piànqiǎn hè sè dào le wǎnshang zé huì chū xiàn yī piànyíngguāng fēi chángzhuàngguān
片浅褐色，到了晚上则会出现一片荧光，非常壮观。

lín xiā shēn tǐ tòu míng fā chū piàoliang de lín guāng
▼磷虾身体透明，发出漂亮的磷光

hòu
鲎

hòu sú chēng hǎi guài yīn wèi tā zhǎng de jì xiàng xiā
鲎，俗称海怪，因为它长得既像虾

yòu xiàng xiè suǒ yǐ rén men yòu bǎ tā jiào zuò mǎ tí xiè
又像蟹，所以人们又把它叫做“马蹄蟹”。

hòu zhǎng zhe sì zhī yǎn jing bèi shang zhǎng zhe yìng yìng de jiǎ ké shēn tǐ yóu tóu xiōng bù fù bù
鲎长着四只眼睛，背上长着硬硬的甲壳，身体由头胸部、腹部

hé jiàn wěi sān bù fen zǔ chéng shì yī zhǒng zuì gǔ lǎo de jiǎ ké dòng wù
和剑尾三部分组成，是一种最古老的甲壳动物。

huó huà shí
“活化石”

hòu de zǔ xiān chū xiàn zài yì nián qián
鲎的祖先出现在3.5亿年前，

dāng shí kǒng lóng hái méi yǒu jué qǐ yuán shǐ yú lèi
当时恐龙还没有崛起，原始鱼类

yě gāng gāng wèn shì zhí dào jīn tiān hòu réng rán
也刚刚问世。直到今天，鲎仍然

bǎo liú zhe yuán shǐ de xiàng mào yǒu huó huà shí
保留着原始的相貌，有“活化石”

zhī chēng
之称。

mǎ tí xiè zài hǎi tān shang
▲ 马蹄蟹在海滩上

hòu de wài ké fēi cháng jiān yìng
▲ 鲎的外壳非常坚硬

yī duì dà fù yǎn
一对大复眼

hòu yǒu liǎng duì yǎn jing tóu xiōng jiǎ qián duān yǒu yī duì
鲎有两对眼睛，头胸甲前端有一对

xiǎo yǎn jing zhǐ néng yòng lái gǎn zhī liàng dù zhēn zhèng guǎn
小眼睛，只能用来感知亮度。真正管

yòng de shì zhǎng zài tā tóu xiōng jiǎ liǎng cè de yī duì dà fù yǎn
用的是长在它头胸甲两侧的一对大复眼，

kě yǐ shǐ wù tǐ de tú xiàng gèng jiā qīng xī
可以使物体的图像更加清晰。

hǎi dǐ yuānyāng
“海底鸳鸯”

měi niánchūn xià jì jié shì hòu de fán zhí shí qī
每年春夏季节，是鲎的繁殖时期。
cí xióng hòu yī dàn jié wéi fū qī biàn huì xíng yǐng bù lí
雌雄鲎一旦结为夫妻便会形影不离，
yīn cǐ hòu yǒu hǎi dǐ yuānyāng de měichēng
因此鲎有“海底鸳鸯”的美称。

hòu
▲鲎

chū sè de běn lǐng
出色的本领

hòu yǒu yī xiàng chū sè de běn lǐng nà jiù shì kě yǐ
鲎有一项出色的本领，那就是可以
bèi cháo xià yóuyǒng kě shì tā menbìng bù xǐ huanyóuyǒng
背朝下游泳。可是，它们并不喜欢游泳，
yě bú huì kè yì zài qí tā tóng bàn miàn qián xuàn yào zì jǐ de
也不会刻意在其他同伴面前炫耀自己的
běn lǐng fǎn ér gèng yuàn yì zuān jìn ní shā zhōng yǒu shí hou
本领，反而更愿意钻进泥沙中，有时候
jìng jìng dāi zài lǐ miàn yǒu shí zé zài ní zhōng pá xíng
静静呆在里面，有时则在泥中爬行。

小知识

hòu de fù yǎn yuán lǐ
鲎的复眼原理
bèi rén lèi yìng yòng yú diàn
被人类应用于电
shì tí gāo le diàn shì chéng
视，提高了电视成
xiàng de qīng xī dù
像的清晰度。

shuǐ mǔ
水母

zài wèi lán sè de hǎi miànshang diǎn zhuì zhe xǔ duō yōu měi de xiǎo sǎn tā men shǎn yào zhe wēi ruò de guāngmáng zhè jiù shì fēi cháng piào liang de shuǐ mǔ shuǐ mǔ yòu jiào hǎi zhé bàn tòu míng de shēn tǐ lǐ hán yǒu dà liàng de shuǐ tā men méi yǒu gù dìng de wài xíng kàn shàng qù fēi cháng róu ruǎn

在蔚蓝色的海面上，点缀着许多优美的“小伞”，它们闪耀着微弱的光芒，这就是非常漂亮的水母。水母，又叫海蜇，半透明的身体里含有大量的水，它们没有固定的外形，看上去非常柔软。

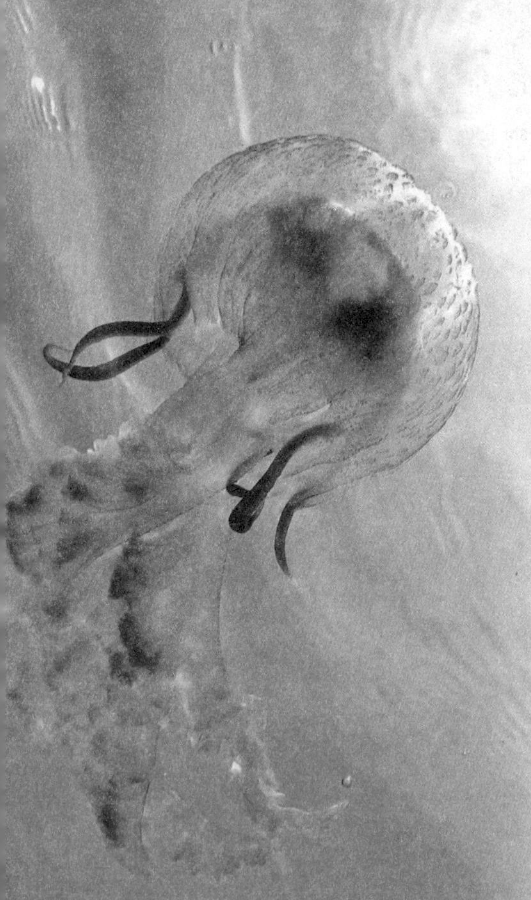

mǐn ruì de ěr duo
敏锐的耳朵

shuǐ mǔ de měi gè chù shǒu zhōng jiān dōu yǒu yī gè xì bǐng xì bǐng shang yǒu yī gè xiǎo qiú xiǎo qiú lǐ yǒu yī lì xiǎo xiǎo de tīng shí zhè biàn shì shuǐ mǔ mǐn ruì de ěr duo

水母的每个触手中间都有一个细柄，细柄上有一个小球，小球里有一粒小小的“听石”，这便是水母敏锐的“耳朵”。

huì fā guāng de mì mì
会发光的秘密

shuǐ mǔ zài hǎi zhōng piāo yóu shí suí zhe shēn tǐ de wān qū hé bǎi dòng jiù huì sàn fā chū wǔ yán liù sè de guāngmáng zhè shì yīn wèi zài tā de shēn tǐ lǐ yǒu yī zhǒng shén qí de fā guāng dàn bái zhì zhè zhǒng dàn bái zhì huì sàn fā chū lěng lán sè de guāng

水母在海中漂游时，随着身体的弯曲和摆动，就会散发出五颜六色的光芒。这是因为在它的身体里有一种神奇的发光蛋白质，这种蛋白质会散发出冷蓝色的光。

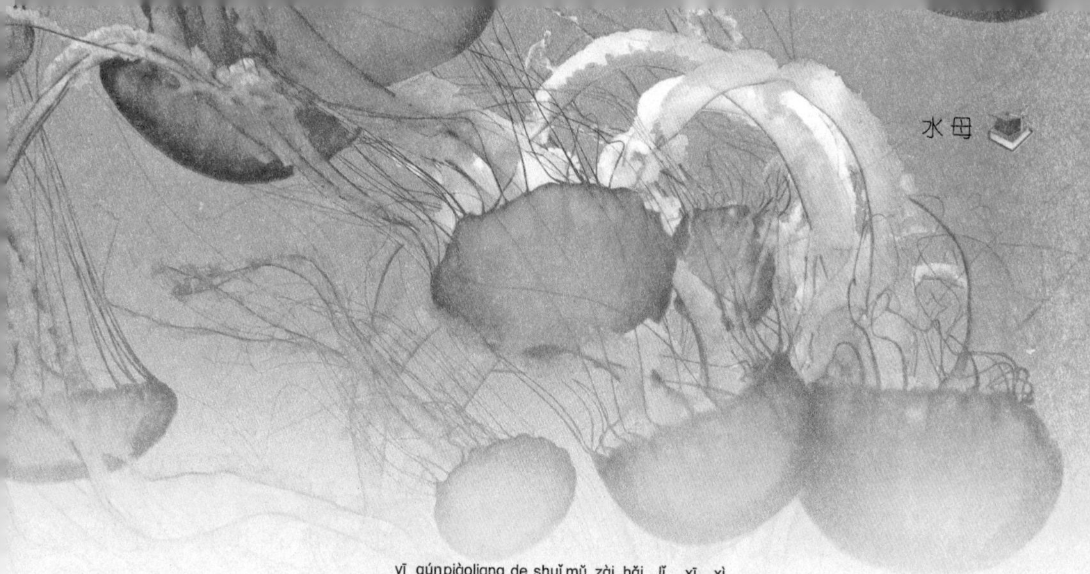

▲一群漂亮的水母在海里嬉戏

小心触手

水母长着许多长长的触手。在海洋里，当这些触手向四周伸展开来，跟随身体一起舞动时，显得异常美丽。但是你千万不要让它美丽的外表迷惑了，一定要小心哦，大多数水母的触手都有毒。

小知识

桃花水母是地球上最低等级的生物，号称“水中大熊猫”。

危险的游戏

水母经常依靠海水的流动向前移动，但是这个办法并不安全。因为有时候海水涨潮时力量太大，水母就被搁置在沙滩上，如果长时间没有再次涨潮，它们就会枯死。

▲海底水母

wū zéi
乌贼

wū zéi yòu jiào mò yú dàn tā bìng bù shì yú ér shì ruǎn tǐ dòng wù de zǐ sūn
乌贼，又叫墨鱼，但它并不是鱼，而是软体动物的子孙。
wū zéi de shēn tǐ xiàng gè xiàng pí dài zi nèi bù qì guānquán bù bāo guǒ zài lǐ miàn tā men de
乌贼的身体像个橡皮袋子，内部器官全部包裹在里面。它们的
tóu dǐngshangzhǎngzhe hěn duō tiáo chù shǒu kànshàng qù zhāng yá wǔ zhǎo zhèzhèng shì wū zéi bǔ shí hé
头顶上长着很多条触手，看上去张牙舞爪，这正是乌贼捕食和
zuò zhàn de wǔ qì
作战的武器。

yù dào dí rén wū zéi huì pēn mò bǎo hù zì jǐ
▲遇到敌人，乌贼会喷墨保护自己

mí huò shù
迷惑术

wū zéi fēi chángcōngmíng hěnshàn yú yùnyòng mí huò shù tā shēn tǐ lǐ yǒu yī gè mò
乌贼非常聪明，很善于运用“迷惑术”。它身体里有一个墨
náng zhuāngmǎn le hēi sè dú yè dāngzāo yù dí hài shí mònáng jiù huì shè chū mò zhī shǐ hǎi
囊，装满了黑色毒液，当遭遇敌害时，墨囊就会射出墨汁，使海
shuǐ shà shí biànchéng yī piàn qī hēi zài yān mù de yǎn hù xià wū zéi chèn jī tuō táo
水霎时变成一片漆黑。在烟幕的掩护下，乌贼趁机脱逃。

shuǐzhōnghuǒ jiàn
水中火箭

wū zéi tóu bù de lòu dǒu bù jǐn shì shēng zhí pái
乌贼头部的漏斗不仅是生殖、排
xiè pēn mò de chū kǒu yě shì yùndòng qì guān dāng
泄、喷墨的出口，也是运动器官。当
tā kuài sù yóuyǒng shí xiàng lí xián de jiàn yī bān fēi sù qián
它快速游泳时像离弦的箭一般飞速前
jìn wū zéi yīn cǐ bèi chēngwéi shuǐzhōnghuǒ jiàn
进，乌贼因此被称为“水中火箭”。

wū zéi
▲乌贼

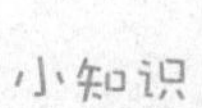

小知识

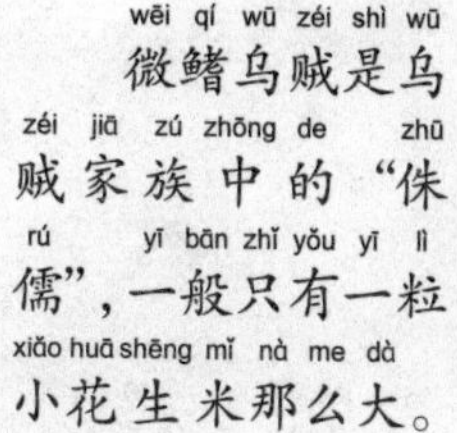

wēi qí wū zéi shì wū zéi jiā zú zhōng de zhū rú yī bān zhǐ yǒu yī lì xiǎo huā shēng mǐ nà me dà
微鳍乌贼是乌贼家族中的“侏儒”，一般只有一粒小花生米那么大。

shēng zhí huí yóu
生殖洄游

wū zéi shēnghuó zài yuǎnyángshēnshuǐ lǐ dào le chūn xià zhī
乌贼生活在远洋深水里，到了春夏之
jiāo tā men cái chéngqún jié duì de yóushēnshuǐ yóuxiàngqiǎnshuǐ yán
交，它们才成群结队地由深水游向浅水沿
hǎi lái chǎnluǎn zhèzhǒngxiànxiàngjiàoshēng zhí huí yóu
海来产卵，这种现象叫生殖洄游。

dà wáng wū zéi
大王乌贼

dà wáng wū zéi shì wū zéi jiā zú zhōng zuì dà de tā shēnghuó zài dà xī yáng de shēn hǎi shuǐ
大王乌贼是乌贼家族中最大的。它生活在大西洋的深海水
yù tǐ chángyuē mǐ yǐ yú lèi hé wú jǐ zhuīdòng wù wéi shí dà wáng wū zéi fēi chángxiōng
域，体长约20米，以鱼类和无脊椎动物为食。大王乌贼非常凶
měng tā de lì qì hěn dà jìng rán néng yǔ qū tǐ páng dà de jù jīng jìn xíng bó dòu
猛，它的力气很大，竟然能与躯体庞大的巨鲸进行搏斗。

yóu yú
鱿鱼

yóu yú yě jiào jù gōng róu yú qiāng wū zéi tā de shēn
鱿鱼，也叫句公、柔鱼、枪乌贼，它的身
tǐ bái bái de yǒu dàn hè sè bān tóu kàn shàng qù hěn dà zhǎng xiàng
体白白的，有淡褐色斑，头看上去很大，长相
hěn qí tè suī rán rén men xí guàn shang chēng tā men wéi yú qí shí tā men bìng bù shì yú ér
很奇特。虽然人们习惯上称它们为鱼，其实它们并不是鱼，而
shì shēng huó zài hǎi yáng zhōng de ruǎn tǐ dòng wù shì wū zéi de yī zhǒng
是生活在海洋中的软体动物，是乌贼的一种。

yòng sāi hū xī
用鳃呼吸

yóu yú de shēn tǐ fēn wéi tóu bù jǐng bù hé qū gān bù
鱿鱼的身体分为头部、颈部和躯干部。
tā de tǐ nèi yǒu liǎng piàn sāi yòng lái hū xī tóu bù liǎng cè yǒu
它的体内有两片鳃，用来呼吸，头部两侧有
hěn duō wàn zú hé yī duì fā dá de yǎn jing yóu yú xǐ huan chéng
很多腕足和一对发达的眼睛。鱿鱼喜欢成
qún jù zài yī qǐ zài shēn yuē mǐ de hǎi yáng zhōng dào chù yóu guàng
群聚在一起，在深约20米的海洋中到处游逛。

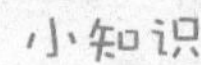
小知识

yóu yú yóu yú yíng yǎng
由于鱿鱼营养
jià zhí hěn gāo shǐ tā chéng
价值很高，使它成
wéi yī zhǒng míng guì de hǎi
为一种名贵的海
chǎn pǐn
产品。

líng huó de chù wàn
灵活的触腕

yóu yú zhǔ yào shēng huó zài rè dài hé wēn dài
鱿鱼主要生活在热带和温带
de qiǎn hǎi lǐ tā shēn tǐ xì cháng yǒu zhī
的浅海里，它身体细长，有10只
chù wàn qí zhōng liǎng zhī jiào cháng chù wàn jiù xiàng
触腕，其中两只较长。触腕就像
shǒu yī yàng fēi cháng líng huó bǔ shí shí tā
手一样，非常灵活，捕食时，它
huì yòng chù wàn chán zhù liè wù rán hòu jiāng qí tūn shí
会用触腕缠住猎物，然后将其吞食。

jiāo yóu yú
▲ 礁鱿鱼

xǐ huan de shí wù
喜欢的食物

yóu yú yuē yǒu zhǒng cháng cháng zài qiǎn hǎi
鱿鱼约有50种，常常在浅海
zhōng de shàng céng huó dòng fàn wéi dá bǎi yú mǐ
中的上层活动，范围达百余米。
tā men xǐ huan chī lín xiā shā dīng yú yín hàn
它们喜欢吃磷虾、沙丁鱼、银汉
yú hé xiǎo gōng yú dàn shì tā men zì jǐ yòu cháng
鱼和小公鱼，但是它们自己又常
cháng huì chéng wéi xiōng měng yú lèi de liè shí duì xiàng
常会成为凶猛鱼类的猎食对象。

jù xíng yóu yú
巨型鱿鱼

jù xíng yóu yú shì shì jiè shang zuì dà de wú jǐ zhuī dòng
巨型鱿鱼是世界上最大的无脊椎动
wù tā men shēng huó zài shēn hǎi shì jiè lǐ dàn shì rén lèi
物，它们生活在深海世界里。但是，人类
hái cóng lái méi yǒu jiàn guò huó de jù xíng yóu yú duì tā de rèn shí
还从来没有见过活的巨型鱿鱼，对它的认识
yě dōu shì lái yuán yú shén huà chuán shuō yīn cǐ jù xíng yóu yú shì fǒu cún
也都是来源于神话传说。因此巨型鱿鱼是否存
zài zhì jīn réng shì gè mí
在，至今仍是个谜。

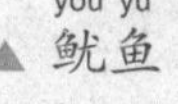
yóu yú
▲ 鱿鱼

章鱼

章鱼是海洋中的变形冠军，它们的八条触手又细又长，所以也被称作“八爪鱼”。章鱼虽然外形丑陋，但却很聪明，当它遇到危险时，会改变自己身体的形状和颜色，来吓退天敌。

自断触手

章鱼的触手是它进攻和防御的武器，但是遇到强敌时，它也会忍痛割爱，自断触手。章鱼的触手断后，伤口会自行闭合，不会出血。第二天，伤口就会自动愈合，并生长出新的触手。

小知识

章鱼是海洋里最可怕的生物之一，渔民们经常用瓶子来捕捉它。

▼章鱼和海洋动物

hǎo mā ma
好妈妈

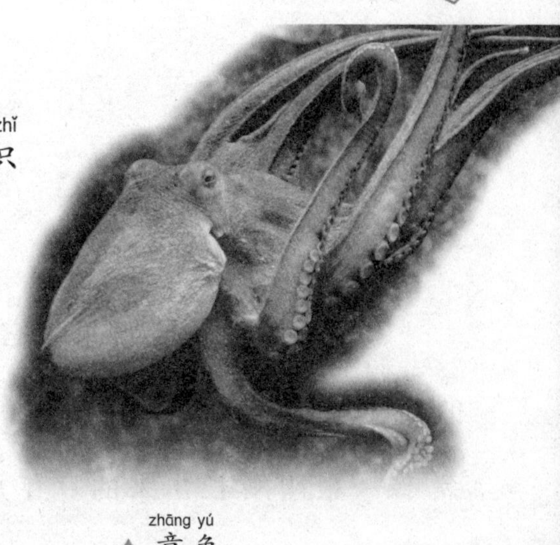

zhāng yú
▲ 章鱼

cí zhāng yú shì gè hǎo mā ma tā yī shēng zhǐ
雌章鱼是个好妈妈。它一生只
shēng yù yī cì dāng tā chǎn xià luǎn hòu jiù bù
生育一次，当它产下卵后，就不
chī bú shuì de shǒu hù zhe dòng xué bù jǐn yào qū
吃不睡地守护着洞穴，不仅要驱
gǎn liè shí zhě hái yào bù tíng de bǎi dòng chù shǒu
赶猎食者，还要不停地摆动触手，
shǐ dòng xué nèi de shuǐ shí kè bǎo chí xīn xiān ràng wèi
使洞穴内的水时刻保持新鲜，让未
chū ké de xiǎo bǎo bèi dé dào zú gòu de yǎng qì
出壳的小宝贝得到足够的氧气。

tōu xí zhě
偷袭者

zhāng yú de shēn tǐ fēi cháng róu ruǎn tā men xiǎng dào rèn hé dì fang zhǐ xū shāo zuò biàn xíng
章鱼的身体非常柔软，它们想到任何地方，只需稍作变形
jiù kě jiāng shēn tǐ sāi jìn qù tā zuì xǐ huan jiāng zì jǐ de shēn tǐ sāi jìn hǎi luó ké lǐ duǒ qǐ lái
就可将身体塞进去。它最喜欢将自己的身体塞进海螺壳里躲起来，
děng yú xiā zǒu jìn shí tā huì xùn sù shàng qián yǎo pò tā men de tóu bù rán hòu bǎo cān yī dùn
等鱼虾走近时，它会迅速上前咬破它们的头部，然后饱餐一顿。

hǎi dòu yá
海豆芽

hǎi dòu yá yě jiào shé xíng bèi tā tǐ xíng qí tè ké bì cuì báo shēn tǐ shàng bù de tuǒ yuán xíng bèi tǐ xiàng yī kē huáng dòu xià bù kě yǐ shēn suō de bàn tòu míng ròu jīng fēi cháng xiàng yī gēn gāng gāng zhǎng chū lái de dòu yá er suǒ yǐ chēng wéi hǎi dòu yá

海豆芽，也叫舌形贝。它体形奇特，壳壁脆薄，身体上部的椭圆形贝体，像一颗黄豆，下部可以伸缩的半透明肉茎，非常像一根刚刚长出来的豆芽儿，所以称为“海豆芽”。

líng huó de ròu jīng
灵活的肉茎

hǎi dòu yá xǐ huan shēng huó zài wēn dài hé rè dài hǎi yù tā de ròu jīng cū cū de cháng cháng de néng zài hǎi dǐ zuān dòng xué jū zhù ròu jīng kě yǐ zài dòng xué lǐ zì yóu shēn suō

海豆芽喜欢生活在温带和热带海域。它的肉茎粗粗的，长长的，能在海底钻洞穴居住，肉茎可以在洞穴里自由伸缩。

lǎn duò de hǎi dòu yá
懒惰的海豆芽

hǎi dòu yá shì yī zhǒng lǎn duò de dòng wù yī shēng zhī zhōng tā men jué dà bù fen de shí jiān dōu zài hǎi dǐ dòng xué zhōng dù guò zhǐ kào wài shēn tǐ tào mó shàng fāng de sān gēn guǎn zi yǔ wài jiè jiē chù yòng yǐ hū xī hé huò qǔ shí wù

海豆芽是一种懒惰的动物。一生之中，它们绝大部分的时间都在海底洞穴中度过，只靠外身体套膜上方的三根管子与外界接触，用以呼吸和获取食物。

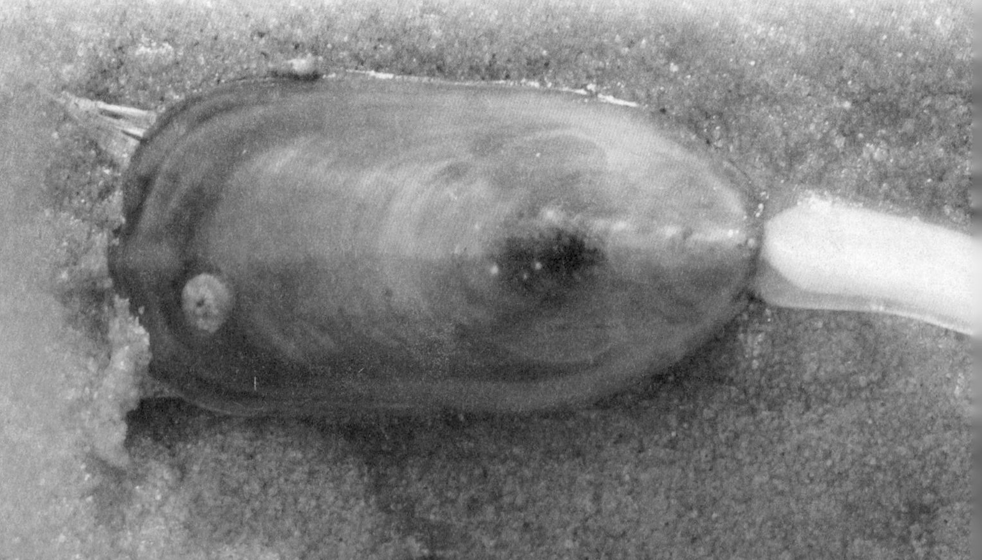

huánxíngshēngzhǎngxiàn
环形生长线

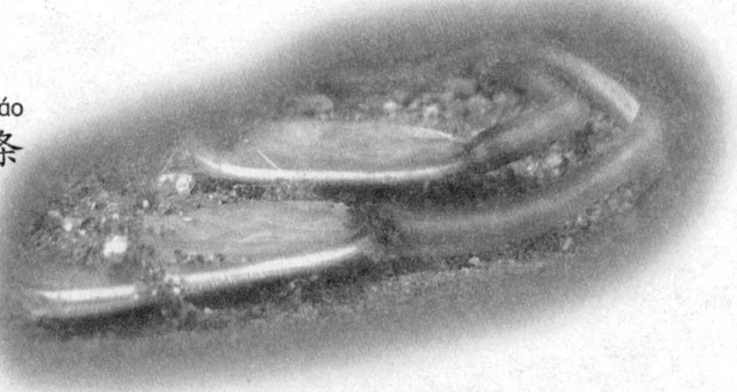

yā zuǐ hǎi dòu yá
▲鸭嘴海豆芽

shé xíng bèi de wài ké yǒu hěn duō tiáo
舌形贝的外壳有很多条
tóng xīn huánxíngzhuàng de shēngzhǎng
同心环形状的生长
xiàn dàn shì tā bìng bù dài biǎonián
线，但是它并不代表年
líng tóng xīn huánxíngzhuàng shì yóu
龄。同心环形状是由
yú wài tào mó biānyuánshòumǒu xiē yuán yīn rú shí wù bù zú bù tóng jì jié shēng yù qī jiān děng
于外套膜边缘受某些原因，如食物不足、不同季节、生育期间等
de yǐngxiǎng ér bù néng jì xù fēn mì zàochéng de
的影响，而不能继续分泌造成的。

小知识

hǎi dòu yá shì shì jiè
海豆芽是世界
shang yǐ fā xiànshēng wù zhōng
上已发现生物中
lì shǐ zuì cháng de wàn zú
历史最长的腕足
lèi hǎi yángshēng wù
类海洋生物。

hǎi kǒu xī shān bèi
海口西山贝

nián yǒu bào dàochēng zài yún nánchéngjiānghuà shí kù
2004年有报道称，在云南澄江化石库
zhōng fā xiàn yī zhǒngshé xíng bèi xíngwàn zú dòng wù hǎi kǒu xī
中，发现一种舌形贝型腕足动物——海口西
shān bèi gǔ shēng wù xué jiā rèn wéi zhè lèi shēng wù yǔ hǎi dòu
山贝。古生物学家认为，这类生物与海豆
yá bù tóng kě néngbìng fēi xué jū shēnghuó ér shì yǐ ròu jīng fù
芽不同，可能并非穴居生活，而是以肉茎附
zhuó zài hǎi dǐ kào lǜ shíshēnghuó
着在海底，靠滤食生活。

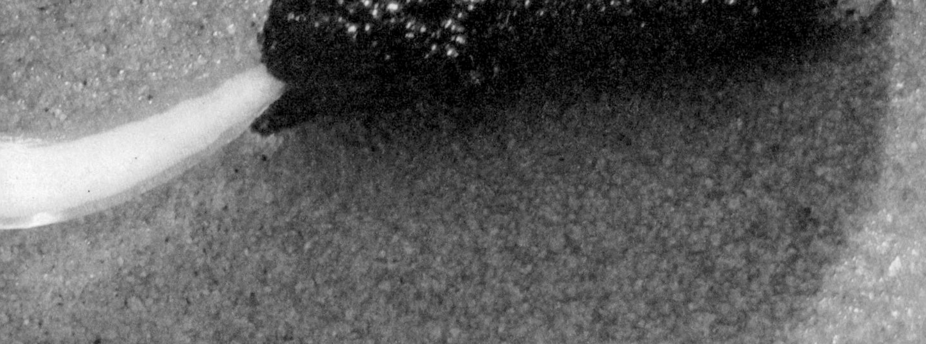

海洋哺乳动物

海洋哺乳动物，被人们称作海兽，是哺乳类中适合生活在海洋中的特殊类群。哺乳动物大约在2亿年前的陆地上诞生，后来它们的一部分又返回到了海洋中，属于次水生生物。它们悠闲地游弋在广阔的海洋里，是水族世界中当之无愧的佼佼者。

lán jīng
蓝鲸

lán jīng yě chēng tì dāo jīng tā shēn qū shòucháng bèi bù qīng huī sè shì dì
蓝鲸，也称“剃刀鲸”，它身躯瘦长，背部青灰色，是地
qiú shang zuì dà yě shì zuì zhòng de dòng wù cóng běi jí dào nán jí de hǎi yù lǐ dōu yǒu tā
球上最大，也是最重的动物。从北极到南极的海域里，都有它
shuò dà de shēn yǐng tā suī rán shēn qū páng dà dàn què xǐ huan chī xiǎo xíng yú lèi suǒ yǐ yī
硕大的身影。它虽然身躯庞大，但却喜欢吃小型鱼类，所以一
cì chī de hěn duō
次吃得很多。

jīng lèi dà jiā zú
鲸类大家族

lán jīng
▲ 蓝鲸

lán jīng shì jīng de yī zhǒng quán shì jiè yǒu
蓝鲸是鲸的一种。全世界有 90
duō zhǒng jīng zǒng tǐ fēn wéi liǎng dà lèi xū jīng lèi
多种鲸，总体分为两大类：须鲸类
hé chǐ jīng lèi xū jīng lèi yǒu jīng xū méi yǒu yá
和齿鲸类。须鲸类有鲸须，没有牙
chǐ rú cháng xū jīng lán jīng zuò tóu jīng huī
齿，如长须鲸、蓝鲸、座头鲸、灰
jīng děng chǐ jīng lèi yǒu yá chǐ méi yǒu jīng xū rú mǒ xiāng jīng hǔ jīng nì jǐ jīng děng
鲸等；齿鲸类有牙齿，没有鲸须，如抹香鲸、虎鲸、逆戟鲸等。

lán jīng fú chū shuǐ miàn
▼ 蓝鲸浮出水面

▲ 大块头蓝鲸

"大块头"

蓝鲸是地球上的"大块头"。据说最大的蓝鲸体重约近180吨。舌头的面积大得能站50多个人，心脏和一辆甲壳虫轿车大小差不多。

迁徙生活

迁徙是鲸的共同习性，蓝鲸也不例外。蓝鲸迁徙的距离很远。夏天，它们生活在极地水域，以邻近浮冰边缘的大量磷虾为食物。当冬天来临时，它们会移居到温暖的赤道水域。

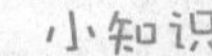

小知识

蓝鲸迁徙的时候，有时长达4个月之久，这期间它们什么也不吃。

贪吃的蓝鲸

磷虾是蓝鲸最喜欢的食物。白天，蓝鲸在深水里觅食，到了夜晚才到水面上寻找食物。它们一次可以吞入大群磷虾，同时吞入大量的海水。然后再挤压腹腔和舌头，将多余的海水排出来。

抹香鲸

抹香鲸是体形最大的齿鲸，体长通常在20米左右，仅头部就占去了一半。它们的嘴巴非常大，牙齿长长的，没有鲸须。它们喜欢聚集在一起生活，同伴之间常常通过口哨声和“咔哒”声进行交流。

长相奇特

抹香鲸长相奇怪，身体粗短，行动缓慢笨拙，而且头重尾轻，整个看起来就像一个巨型蝌蚪。它的鼻子有两个孔，但只有左鼻孔是畅通的，右鼻孔阻塞但与肺相通，可以储存空气。

小知识

小抹香鲸哺乳期1年～2年，约10岁开始成熟，最长寿命达75年。

潜水冠军

在所有鲸类中，抹香鲸是潜得最深，也是最久的一种。为了追捕猎物，它可潜到2000多米的深海，潜水时间长达1个多小时，因此有动物王国中的“潜水冠军”之称。

▶ 抹香鲸背脊

míng zi yóu lái
名字由来

mǒ xiāngjīng tǐ nèi yǒu yī zhǒng
抹香鲸体内有一种
là zhuàng wù gān zào hòu huì biànchéng
蜡状物，干燥后会变成
hǔ pò sè zhè jiù shì zhùmíng de
琥珀色，这就是著名的
lóng xián xiāng zài rán shāo shí lóng
龙涎香。在燃烧时，龙
xián xiāng xiāng qì sì yì bèi tā xūn
涎香香气四溢，被它熏
guò de dōng xi fāng xiāng chí jiǔ bù
过的东西，芳香持久不
sàn mǒ xiāngjīng yī míng biàn yóu cǐ ér lái
散，“抹香鲸”一名便由此而来。

mǒ xiāng jīng fú chū shuǐmiàn
▲抹香鲸浮出水面

shēnshuǐ bǔ shí
深水捕食

mǒ xiāngjīng xǐ huan chī shēnshuǐ yóu yú shā yú huò zhě qí tā de dà xíng yú lèi yīn cǐ cháng
抹香鲸喜欢吃深水鱿鱼、鲨鱼或者其他的大型鱼类，因此常
cháng qián zài hán lěng hēi àn de hǎi dǐ shēnchù qù bǔ liè tā xìng qíng xiōng měng liè wù yī dàn bèi
常潜在寒冷黑暗的海底深处去捕猎。它性情凶猛，猎物一旦被
tā yǎo zhù biàn hěn nán táo tuō
它咬住，便很难逃脱。

zhèng zài pēn shuǐ de mǒ xiāng jīng
▼正在喷水的抹香鲸

zuò tóu jīng

座头鲸

zuò tóu jīng yě jiào tuó bèi jīng shǔ yú xū jīng zhè gè dà jiā zú tā xìng qíng wēn shùn
座头鲸，也叫驼背鲸，属于须鲸这个大家族。它性情温顺
kě qīn yǒu yī duì dà de chū qí de qián zhī shēn tǐ yán sè kàn shàng qù xiàng chuān zhe yī jiàn
可亲，有一对大得出奇的前肢，身体颜色看上去，像穿着一件
bái chèn shān tào zhe yàn wěi fú yǔ qí tā jīng bù tóng tā de wěi ba bàn hēi bàn bái yī yǎn
白衬衫套着燕尾服。与其他鲸不同，它的尾巴半黑半白，一眼
jiù néng rèn chū lái
就能认出来。

hǎi shang gē chàng jiā

海上歌唱家

zuò tóu jīng shì hǎi shang de gē chàng jiā tā men cháng cháng
座头鲸是海上的歌唱家，它们常常
huì fā chū xiàng chàng gē yī yàng de fán zá shēng yīn yīn cǐ
会发出像“唱歌”一样的繁杂声音，因此
shòu dào hǎi yáng shēng wù xué jiā de zhōng ài zhè gè dà jiā huo hěn
受到海洋生物学家的钟爱。这个大家伙很
jué jiàng fán shì tā shǐ yòng guò de shēng yīn jiù jué bù huì zài
倔强，凡是它使用过的声音，就绝不会再
shǐ yòng dì èr cì
使用第二次。

小知识

zuò tóu jīng huó dòng fàn wéi guǎng fàn jī hū quán shì jiè dà yáng qū yù dōu yǒu tā men de shēn yǐng
座头鲸活动范围广泛，几乎全世界大洋区域都有它们的身影。

zuò tóu jīng
▶ 座头鲸

yǒngměng de dòu shì
勇猛的斗士

zuò tóu jīng hěn wēn xùn tóng lèi zhī jiān cháng cháng xiāng hù chù mō lái biǎo dá gǎn qíng dàn shì zài yǔ dí rén gé dǒu shí tā fēi cháng yǒng měng huì yòng cháng cháng de qí zhuàng zhī huò qiáng yǒu lì de wěi ba měng jī dí rén

座头鲸很温驯，同类之间常常相互触摸来表达感情。但是在与敌人格斗时，它非常勇猛，会用长长的鳍状肢或强有力的尾巴猛击敌人。

yī yuè ér qǐ de zuò tóu jīng
▲一跃而起的座头鲸

qiān xǐ de hòu niǎo
迁徙的“候鸟”

zuò tóu jīng xiàng hòu niǎo yī yàng yǒu qiān xǐ de xí guàn zài yán rè xià jì tā men tuō jiā dài kǒu lái dào liáng shuǎng de wēn dài hǎi yù bì shǔ dào le hán lěng de dōng jì tā men jiù huì zài cì huí dào rè dài hǎi yù

座头鲸像候鸟一样有迁徙的习惯。在炎热夏季，它们拖家带口来到凉爽的温带海域避暑。到了寒冷的冬季，它们就会再次回到热带海域。

zuò tóu jīng de wěi ba
▲座头鲸的尾巴

qún tǐ bǔ shí
群体捕食

zuò tóu jīng de wèi kǒu hěn dà yú lèi shì tā de zhǔ yào shí wù dàn shì tā men zhǐ zài xià jì cái qún tǐ bǔ liè ér zài qí tā jì jié tā men bù zěn me chī dōng xi rú jīn quán shì jiè de zuò tóu jīng yuē yǒu duō tóu

座头鲸的胃口很大，鱼类是它的主要食物。但是它们只在夏季才群体捕猎，而在其他季节，它们不怎么吃东西。如今全世界的座头鲸约有4000多头。

hǔ jīng

虎鲸

hǔ jīng yě jiào shā rén jīng tā shēngxìng dǎn dà jiǎo huá xiōng cán
虎鲸，也叫杀人鲸，它生性胆大狡猾，凶残
ér tān lán tā men yōng yǒu fēng lì wú bǐ de yá chǐ gāo chāo shú liàn de
而贪婪。它们拥有锋利无比的牙齿，高超熟练的
zhuī bǔ běn lǐng suǒ yǐ hǎi yángzhōngxiǎo dào yú xiā hǎi niǎo dà dào shā yú hǎi xiàngděng dōu kě
追捕本领，所以海洋中小到鱼虾海鸟，大到鲨鱼海象等，都可
néngchéngwéi tā men de měi shí shì hǎi yángshēng wù de bà wáng
能成为它们的美食，是海洋生物的霸王。

hǎi shang bà wáng

“海上霸王”

hǔ jīng bèi bù zhōngyāngyǒu yī gè sān jiǎo xíng bèi qí jì shì
虎鲸背部中央有一个三角形背鳍，既是
jìn gōng de wǔ qì yě shì qián jìn de duò hǔ jīng fēi chángxiōng
进攻的武器，也是前进的舵。虎鲸非常凶
měng jiù lián zuò tóu jīngděng dà xíng jīng lèi kàn jiàn tā yě huì xùn
猛，就连座头鲸等大型鲸类看见它，也会迅
sù táo kāi kānchēng hǎi shang bà wáng
速逃开，堪称“海上霸王”。

小知识

zài bǔ shí shí hǔ jīng huì zhuāng sǐ bǎ zì jǐ bái sè de fù bù fān dào shuǐ miànshang lái yǐn yòu xiǎo yú
在捕食时，虎鲸会装死，把自己白色的腹部翻到水面上，来引诱小鱼。

yóuyǒnggāoshǒu

游泳高手

hǔ jīngzhěng gè tǐ xíngchéngyōu měi de liú xiàn
虎鲸整个体型呈优美的流线
xíng shì hǎi yángzhōng de yóuyǒnggāoshǒu tā zài hǎi
型，是海洋中的游泳高手。它在海
lǐ yóuyǒng shí yī huì er yǎngyóu yī huì er fān
里游泳时，一会儿仰游，一会儿翻
gǔn yī huì er yòu jiāng shēn tǐ zhí lì zài shuǐmiàn
滚，一会儿又将身体直立在水面
shang hǎoxiàng zài qiáoshǒuwàngzheyuǎnfāng de chuán zhī
上，好像在翘首望着远方的船只。

dòngzuò jiǎo jiàn de hǔ jīng
▲ 动作矫健的虎鲸

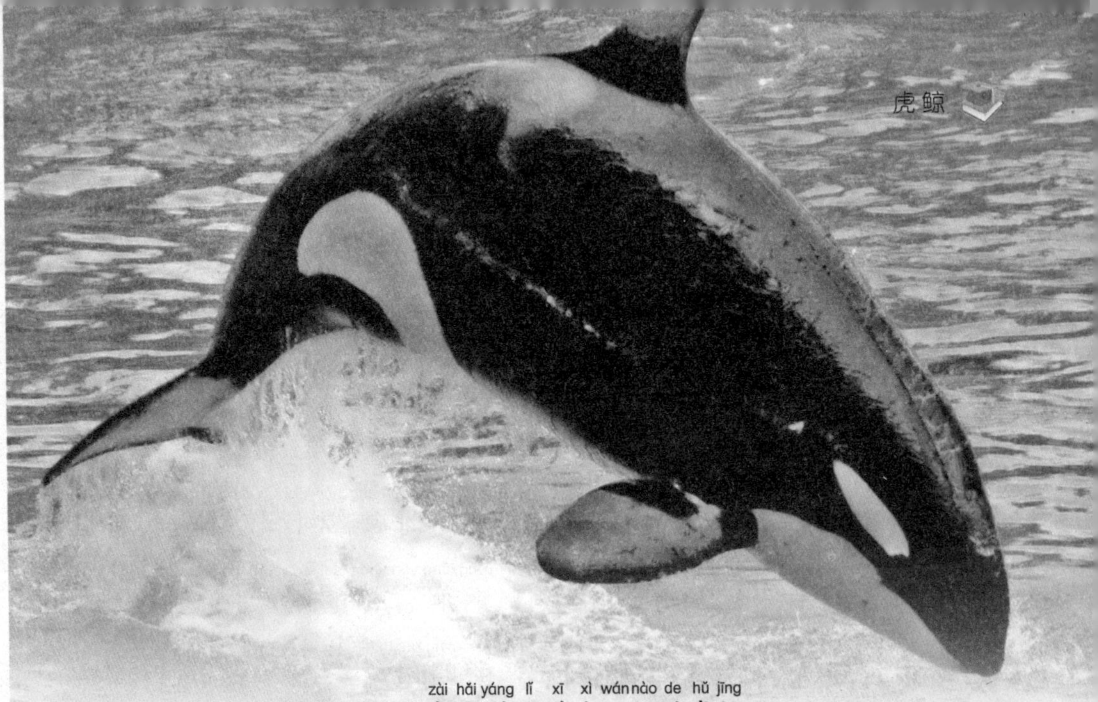

zài hǎi yáng lǐ xī xì wán nào de hǔ jīng
▲ 在海洋里嬉戏玩闹的虎鲸

yǔ yán dà shī
语言大师

rú guǒ shuō zuò tóu jīng shì jīng lèi zhōng de gē chàng jiā bái jīng shì hǎi zhōng jīn sī què nà me hǔ jīng jiù shì jīng lèi zhōng de yǔ yán dà shī tā néng fā chū zhǒng bù tóng de shēng yīn ér qiě zhè xiē shēng yīn yǒu zhe bù tóng de hán yì tā hái néng fā shè chāo shēng bō xún zhǎo yú qún

如果说座头鲸是鲸类中的“歌唱家”，白鲸是海中“金丝雀”，那么虎鲸就是鲸类中的“语言大师”。它能发出62种不同的声音，而且这些声音有着不同的含义。它还能发射超声波寻找鱼群。

zhì mìng zhī shēng
致命之声

zài bǔ shí shí hǔ jīng huì fā chū zǎ tì shēng jiù xiàng yòng lì lā chě shēng xiù tiě chuāng jiǎo liàn fā chū de shēng yīn yú lèi tīng dào hòu xíng dòng jiù huì biàn de shī cháng hǔ jīng biàn huì chèn jī lái tūn shí

在捕食时，虎鲸会发出“咋嚏”声，就像用力拉扯生锈铁窗铰链发出的声音，鱼类听到后，行动就会变得失常，虎鲸便会趁机来吞食。

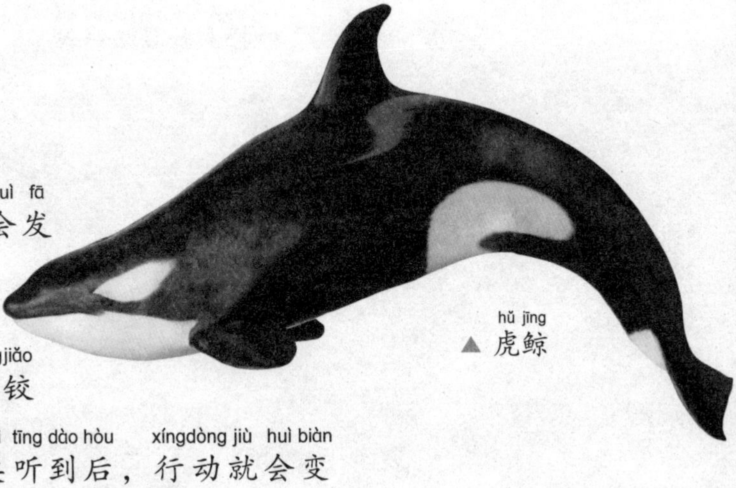

hǔ jīng
▲ 虎鲸

bái jīng
白鲸

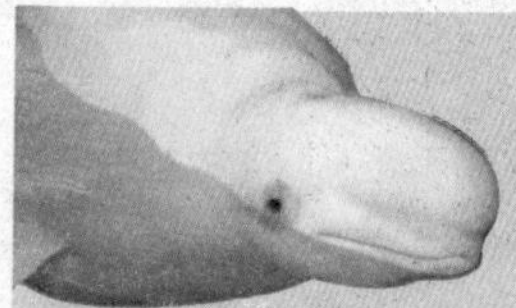

bái jīng shēng huó zài bīng tiān xuě dì de běi jí tā hún shēn xuě bái shēng xìng wēn hé yóu dòng shí cháng cháng bǐ jiào huǎn màn tā qián é lóng qǐ yuán rùn shàng xià liǎng chún bǎo mǎn fēng hòu jiǒng jiǒng yǒu shén de xiǎo yǎn jing tòu chū yī gǔ jī ling tè bié zhāo rén xǐ huan shì hǎi yáng shì jiè de míng xīng zhī yī

白鲸生活在冰天雪地的北极，它浑身雪白，生性温和，游动时常常比较缓慢。它前额隆起圆润，上下两唇饱满丰厚，炯炯有神的小眼睛透出一股机灵，特别招人喜欢，是海洋世界的明星之一。

hǎi zhōng jīn sī què
海中金丝雀

bái jīng méi yǒu bèi qí tā zhǐ yǒu yī gè dī dī de bèi jǐ kě yǐ hěn fāng biàn de zài yī dà kuài fú bīng xià yóu yǒng tā men yóu yǒng shí de dòng zuò suī rán hěn róu hé dàn sǎng mén bǐ jiào dà jiào shēng qiān biàn wàn huà liǎn bù biǎo qíng hěn fēng fù bèi chēng wéi hǎi zhōng jīn sī què

白鲸没有背鳍，它只有一个低低的背脊，可以很方便地在一大块浮冰下游泳。它们游泳时的动作虽然很柔和，但“嗓门”比较大，叫声千变万化，脸部表情很丰富，被称为“海中金丝雀”。

shè yǐng shī pāi shè bái jīng
▼摄影师拍摄白鲸

潜水高手

白鲸以新鲜鱼虾为食。它们的潜水能力相当强，大约可以潜至800米的深处。无论是在容易搁浅的河口，还是中深层海域的海沟，它们都能自在游泳。

▲ 白鲸夫妻

怀旧情结

小知识

白鲸的哺育期长达2年，之后仍会待在母亲身边相当长的时间。

白鲸有怀旧情结，常常对过去念念不忘，它们每年都会回到自己出生的地方。秋季，白鲸会远离海湾与河口，冬季主要在冰层边缘或仅有少量浮冰的开阔海域形成大群体。

食物

年轻白鲸浑身呈灰色，随着年龄增长而逐渐成为白色。它们常常在海床附近觅食，喜欢吃各种生物，如大马哈鱼、虾、蟹，甚至大型浮游生物等。虎鲸与北极熊是它们最大的天敌。

▲ 全世界白鲸仅存不足10万头

hǎi tún
海豚

hǎi tún shì shǔ yú tǐ xíng jiào xiǎo de jīng lèi hǎi tún shì hǎi yángzhōng
海豚是属于体型较小的鲸类。海豚是海洋中
de xiǎo táo qì tā mencōngmíng líng lì rě rén xǐ ài tā men xīn dì shàn
的小淘气，它们聪明伶俐，惹人喜爱。它们心地善
liáng hái xǐ huan zhù rén wéi lè shì rén lèi de hǎo péng you tā menshēnghuó zài wēn nuǎn hǎi yù
良，还喜欢助人为乐，是人类的好朋友。它们生活在温暖海域，
chángchángchéngqún jié duì de zài dà hǎi zhōngyóu yì
常常成群结队地在大海中游弋。

yóuyǒngnéngshǒu
游泳能手

yě xǔ shì hǎi tún mā ma tāi jiào de yuán gù gānggāng rù hǎi de
也许是海豚妈妈胎教的缘故，刚刚入海的
xiǎo hǎi tún jiù shì yī gè yóuyǒngnéngshǒu tā kě yǐ yī biān yóuyǒng
小海豚就是一个游泳能手，它可以一边游泳，
yī biān ángshǒuwàngtiān hái bù shí xī yī kǒu xīn xiānkōng qì
一边昂首望天，还不时吸一口新鲜空气。

小知识
hǎi tún kào huí yīn dìng
海豚靠回音定
wèi xì tǒng jìn xíng mì shí
位系统进行觅食、
táo bì dí rén huò yǔ tóng bàn
逃避敌人或与同伴
gōu tōng
沟通。

hǎi tún
▲ 海豚

xiǎo jī ling
小机灵

hǎi tún xǐ huanguò jí tǐ shēnghuó tā menchang
海豚喜欢过“集体生活”，它们常
chángqún jū zài yī qǐ bǔ shí xiǎo yú xiǎo xiā dàn zài
常群居在一起，捕食小鱼、小虾。但在
rén lèi de yǎnzhōng tā men kě shì cōngmíng kě ài de xiǎo jī
人类的眼中，它们可是聪明可爱的小机
ling dāng tā wán xìng dà fā shí suǒ yǒu bèi pèngshang de
灵，当它玩性大发时，所有被碰上的
dōng xi dōu huì chéngwéi tā men de wán jù
东西都会成为它们的玩具。

hǎi tún hé hǎi tún bǎo bǎo
▲ 海豚和海豚宝宝

jìn zhí jìn zé
尽职尽责

hǎi tún mā ma měi cì gěi xiǎo hǎi tún wèi nǎi dōu huì qiào qǐ pàngpàng de fù bù jiāng rǔ tóu
海豚妈妈每次给小海豚喂奶，都会翘起胖胖的腹部，将乳头
còu jìn xiǎo hǎi tún de zuǐ ba wèi le ràng xiǎo hǎi tún chī bǎo dāng yī cè de rǔ zhī bèi xī jìn zhī
凑近小海豚的嘴巴。为了让小海豚吃饱，当一侧的乳汁被吸尽之
hòu hǎi tún mā ma huì huàn shàng lìng yī cè rǔ tóu lái wèi zì jǐ de bǎo bǎo
后，海豚妈妈会换上另一侧乳头来喂自己的宝宝。

jiù shēng yuán
救生员

hǎi tún shì dà hǎi lǐ de jiù shēng
海豚是大海里的“救生
yuán xiàn shí shēng huó zhōng liú chuán zhe xǔ
员”，现实生活中流传着许
duō guān yú hǎi tún jiù rén de gù shi tā jīng
多关于海豚救人的故事。它经
cháng bǎ nì shuǐ de rén tuó dào ān quán dì dài
常把溺水的人驮到安全地带，
yǒu shí shèn zhì wèi le jiāng rén lèi cóng shā yú kǒu
有时甚至为了将人类从鲨鱼口
zhōng duó chū lái bù xī yǔ shā yú zhǎn kāi
中夺出来，不惜与鲨鱼展开
shū sǐ bó dǒu
殊死搏斗。

hǎi tún hé rén lèi fēi cháng qīn jìn
▶ 海豚和人类非常亲近

hǎi bào
海豹

hǎi bào bèi chēng wéi hǎi zhōng guài shòu tā shēn tǐ hún yuán pí xià zhī fáng hěn hòu kàn
海豹被称为“海中怪兽”，它身体浑圆，皮下脂肪很厚，看
shàng qù hān tài kě jū tā liǎng zhī hòu jiǎo bù néng xiàng qián wān qū zài lù dì shang zhǐ néng kào qián
上去憨态可掬。它两只后脚不能向前弯曲，在陆地上只能靠前
zhī pú fú qián jìn xiǎn de hěn bèn zhuō dàn tā men yī dàn jìn rù hǎi yáng jiù huì biàn de yì
肢匍匐前进，显得很笨拙。但它们一旦进入海洋，就会变得异
cháng líng huó
常灵活。

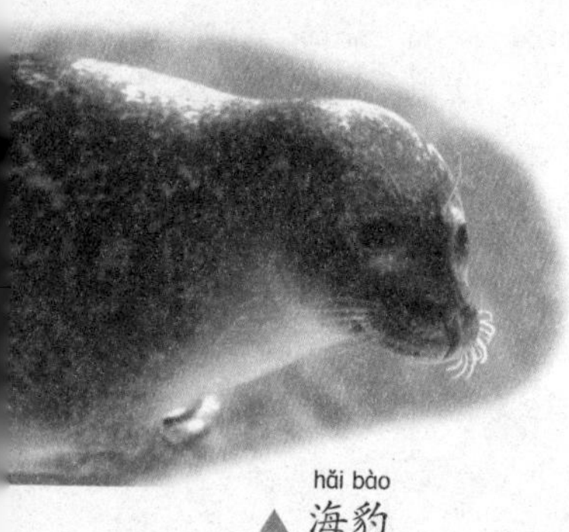
hǎi bào
▲ 海豹

chū sè de yǎn yuán
出色的演员

xiàng hǎi bào shì hǎi bào de yī zhǒng tā suī rán zhǎng de hěn nán
象海豹是海豹的一种。它虽然长得很难
kàn què shì yī gè chū sè de yǎn yuán tā men zài shuǐ zhōng fēi cháng
看，却是一个出色的演员。它们在水中非常
líng huó jīng guò xùn liàn néng biǎo yǎn gè zhǒng jīng cǎi jì yì dǐng qiú
灵活，经过训练能表演各种精彩技艺。顶球、
tuó rén lāo wù duì tā men lái shuō dōu shì shí fēn jiǎn dān de xiǎo yóu xì
驮人、捞物对它们来说都是十分简单的小游戏。

xiàng hǎi bào
象海豹

měi nián dào le huàn máo de jì jié
每年到了换毛的季节，
xiàng hǎi bào jiù huì chéng qún jié duì de jǐ
象海豹就会成群结队地挤
zài àn biān ní kēng zhōng zhè lǐ suī rán hěn
在岸边泥坑中。这里虽然很
zāng dàn shì xiàng hǎi bào què fēi cháng yuàn
脏，但是象海豹却非常愿
yì dāi zài zhè lǐ xiāo mó shí guāng
意待在这里消磨时光。

xiàng hǎi bào kàn shàng qù yòu lǎn yòu zāng tè bié bú ài gān jìng
▲ 象海豹看上去又懒又脏，特别不爱干净

sēng hǎi bào
僧海豹

shēnghuó zài xià wēi yí qún dǎo de sēng hǎi bào hěncōngmíng duì
生活在夏威夷群岛的僧海豹很聪明，对
rén lèi hěn yǒu hǎo dāng tā men yù dào fù jìn yóuyǒng de rén shí huì
人类很友好。当它们遇到附近游泳的人时，会
hào qí de yóu dào rén de miànqián yòng tā yòu dà yòu hēi de yǎn jing
好奇地游到人的面前，用它又大又黑的眼睛
dīng zhe rén liǎn kànshànghǎo bàn tiān rán hòu yōu rán zì dé de yóu kāi
盯着人脸看上好半天，然后悠然自得地游开。

小知识

mù qián shì jiè hǎi
目前，世界海
yáng zhōng yǒu zhǒng hǎi
洋中有 18 种海
bào qí zhōng nán jí shù liàng
豹，其中南极数量
zuì duō
最多。

yī fū duō qī
一夫多妻

xióng hǎi bào zhī jiān jīngcháng huì zhǎn kāi jī liè bó dòu shèngzhězhàn dì wéiwáng chéngqún qī
雄海豹之间经常会展开激烈搏斗。胜者占地为王，成群妻
qiè bài zhě zé sǎo xìng ér qù lìng xún chū lù zài hǎi tānshang rén men jīngcháng kě yǐ kàn dào
妾，败者则扫兴而去，另寻出路。在海滩上，人们经常可以看到
yī tóu xióng hǎi bào rì yè shǒu hù shù shí tóu shèn zhì shàng bǎi tóu cí hǎi bào de qíng jǐng
一头雄海豹日夜守护数十头，甚至上百头雌海豹的情景。

shēng huó zài běi dà xī yáng de hǎi bào
▼ 生活在北大西洋的海豹

hǎi shī
海狮

hǎi shī shì tiānshēng de xiǎngshòu pài měi cì bǎo cān zhī hòu tā
海狮是天生的享受派，每次饱餐之后，它
men jiù huì lái dào àn shang huó dòng yǒu shí tā men huì zài yángguāng
们就会来到岸上活动。有时，它们会在阳光
xià shuì jǐ gè xiǎo shí yǒu shí huì zài hǎi tān shang gǔn lái gǔn qù kàn shàng qù bèn bèn de hān
下睡几个小时，有时会在海滩上滚来滚去，看上去笨笨的，憨
hān de fēi cháng zhāo rén xǐ huan
憨的，非常招人喜欢。

hǎi zhōng shī wáng
海中狮王

hǎi shī de hǒushēng tè bié xiàng shī zi ér qiě gè bié zhǒng lèi jǐng bù zhǎng yǒu zōng máo suǒ
海狮的吼声特别像狮子，而且个别种类颈部长有鬃毛，所
yǐ yǒu hǎi zhōng shī wáng zhī chēng zhèng shì yóu yú zhè gè yuán yīn rén men biàn wèi tā men qǔ míng
以有“海中狮王”之称。正是由于这个原因，人们便为它们取名
hǎi shī hǎi shī de ěr duo hěn xiǎo wěi ba yě hěn duǎn quán shēn zhǎng mǎn nóng mì de duǎn máo
“海狮”。海狮的耳朵很小，尾巴也很短，全身长满浓密的短毛。

hǎi shī zài hǎi lǐ yóu lái yóu qù
▲海狮在海里游来游去

shuǐ xià tàn cè qì
水下探测器

dòng wù shēn tǐ shang de měi yī gè qì guān sì
动物身体上的每一个器官似
hū dōu shì zào wù zhǔ jīng xīn shè jì de jiù xiàng
乎都是造物主精心设计的，就像
hǎi shī de hú zi dāng hǎi shī zài qī hēi de shuǐ
海狮的胡子。当海狮在漆黑的水
xià bǔ shí shí tā líng mǐn de hú zi jiù hǎo bǐ
下捕食时，它灵敏的胡子就好比
tàn cè qì bù huì fàng guò rèn hé yī gè cóng hú
探测器，不会放过任何一个从胡
zi biān huá guò de xiǎo dòng wù
子边滑过的小动物。

记忆大师

海狮是海洋中的“记忆大师”。美国海洋生物学家曾对一头雌性海狮进行了较为复杂的记忆测试。结果发现，这头海狮依然能对十年前的事情记忆犹新。

▲可爱的海狮

胆子很小

北方海狮是体形最大的海狮，成年雄性体重达1吨以上。别看海狮非常庞大，胆子却很小，一有风吹草动，便会集体潜到水中，即使在睡觉时，也有“哨兵”担任警戒。

小知识

凭借小海狮微弱的叫声，海狮妈妈就能准确地辨认出自己的孩子。

hǎi xiàng

海象

chú jīng zhī wài hǎi xiàng shì shì jiè shang zuì dà de hǎi yáng dòng wù hǎi xiàng tè bié chǒu lòu
除鲸之外，海象是世界上最大的海洋动物。海象特别丑陋，
tā zhǎng zhe yī duì yòu jiān yòu cháng de dà yá pí fū cū cāo sì zhī yòu duǎn yòu biǎn zuǐ ba
它长着一对又尖又长的大牙，皮肤粗糙，四肢又短又扁，嘴巴
páng hái liú zhe chù xū xiǎo yǎn jing hóng hóng de mī de xiàng shàng le nián jì de xiǎo lǎo tóu
旁还留着触须，小眼睛红红的，眯得像上了年纪的小老头。

xiāng yī wéi mìng

相依为命

hǎi xiàng mā ma fēi cháng chèn zhí jīng cháng yǔ zì jǐ de hái zi yī
海象妈妈非常称职，经常与自己的孩子一
qǐ xī xì tā men huì yòng qián qí bào zhe hái zi ràng hái zi qí zài bèi
起嬉戏。它们会用前鳍抱着孩子，让孩子骑在背
shang huò zhě lǒu zhe zì jǐ de bó zi rú guǒ xiǎo hǎi xiàng shòu shāng sǐ le
上或者搂着自己的脖子。如果小海象受伤死了，
hǎi xiàng mā ma hái huì qiān fāng bǎi jì de bǎ tā nòng dào shuǐ lǐ ān zàng
海象妈妈还会千方百计地把它弄到水里安葬。

hǎi xiàng
▲ 海象

tān shuì

贪睡

hǎi xiàng hěn ài shuì lǎn jiào tā yī shēng zhōng dà duō shù shí jiān shì zài shuì mián zhōng dù guò de
海象很爱睡懒觉，它一生中大多数时间是在睡眠中度过的。
chú le pā zài bīng kuài shang shuì jiào wài tā yě néng zài shuǐ lǐ shuì jiào shuì jiào shí tā yǒu shí hou
除了趴在冰块上睡觉外，它也能在水里睡觉。睡觉时，它有时候
huì zài shuǐ miàn lù chū bàn gè jǐ bèi xiàng yī zuò fú dòng de xiǎo shān qǐ fú bō dòng
会在水面露出半个脊背，像一座浮动的小山，起伏波动。

jīngchéngtuán jié
精诚团结

hǎi xiàng yī bān jū zhù zài hǎi àn fù jìn de
海象一般居住在海岸附近的
qiǎn hǎi chù tā men tè bié xǐ huanguò qún jū shēng
浅海处，它们特别喜欢过群居生
huó fēi chángtuán jié zǒng shì yī dà qún de
活，非常团结，总是一大群地
chū xiàn rú guǒ yǒutóng lèi shòushāng qí tā chéng
出现。如果有同类受伤，其他成
yuán jiù huì qián qù bāngzhù wánquánjiāng zì shēn de
员就会前去帮助，完全将自身的
ān quánpāo dào nǎo hòu
安全抛到脑后。

hǎi xiàng xǐ huanyóuyǒng
▲海象喜欢游泳

小知识

hǎi xiàng shì chū sè
海象是出色
de qián shuǐnéngshǒu néng zài
的潜水能手，能在
shuǐzhōngqián yóu duō fēn
水中潜游20多分
zhōng ne
钟呢！

líng mǐn de xiù jué hé tīng jué
灵敏的嗅觉和听觉

hǎi xiàng de shì lì hěn chà dàn xiù jué hé tīng jué shí fēn líng
海象的视力很差，但嗅觉和听觉十分灵
mǐn shuì jiào shí zǒng huì yǒu yī zhī hǎi xiàng zài sì zhōuxún luó fàng
敏。睡觉时，总会有一只海象在四周巡逻放
shào chū xiàn dí qíng shí jiù fā chūgōng niú bān de jiàoshēng bǎ
哨，出现敌情时就发出公牛般的叫声，把
hān shuì de tóngbànquán bù jiào xǐng zhī hòu yī qǐ xùn sù táo cuàn
酣睡的同伴全部叫醒，之后一起迅速逃窜。

bǎ tóu tàn chū hǎi miàn de hǎi xiàng
▼把头探出海面的海象

hǎi niú
海牛

hǎi niú yī liǎn dà hú zi shì gè shí zú de chǒu bā guài dàn shì nǐ yě xǔ xiǎng bù dào
海牛一脸大胡子，是个十足的丑八怪，但是你也许想不到，
tā men jiù shì chuánshuōzhōng měi rén yú de yuán xíng bié kàn tā zhǎng de chǒu shēn tǐ féi dà bèn
它们就是传说中美人鱼的原型。别看它长得丑，身体肥大笨
zhuō tā kě shì shuǐzhōngshù yī shù èr de wēn róu jù rén tā cóng bù qī fu ruò xiǎo
拙，它可是水中数一数二的“温柔巨人”，它从不欺负弱小。

kù sì měi rén yú
酷似美人鱼

hǎi niú zài hǎi shang chuí zhí shù qǐ shí yuǎn yuǎn kàn qù
海牛在海上垂直竖起时，远远看去，
hěn xiàng chuán shuō zhōng de měi rén yú cǐ wài hǎi niú mā
很像传说中的美人鱼。此外，海牛妈
ma bǔ rǔ shí cháng cháng yòng yī duì ǒu qí jiāng hái zi bào zài
妈哺乳时，常常用一对偶鳍将孩子抱在
xiōng qián jiāng shàng shēn fú chū hǎi miàn bàn tǎng zhe wèi nǎi
胸前，将上身浮出海面，半躺着喂奶，
zhè yī diǎn yǔ chuán shuō zhōng de měi rén yú yě fēi cháng xiāng sì
这一点与传说中的美人鱼也非常相似。

dǎn xiǎo de hái zi
胆小的孩子

hǎi niú dà duō qī xī zài qiǎn hǎi cóng bù dào shēn hǎi
海牛大多栖息在浅海，从不到深海
qù gèng bù huì dào àn shang lái měi dāng hǎi niú lí kāi shuǐ
去，更不会到岸上来。每当海牛离开水
yǐ hòu tā jiù xiàng yī gè dǎn xiǎo de hái zi bù tíng de kū
以后，它就像一个胆小的孩子不停地哭
qì bù guò tā men liú chū de bù shì lèi ér shì yòng lái
泣。不过它们流出的不是泪，而是用来
bǎo hù yǎn zhū de hán yǒu yán fèn de yè tǐ
保护眼珠的含有盐分的液体。

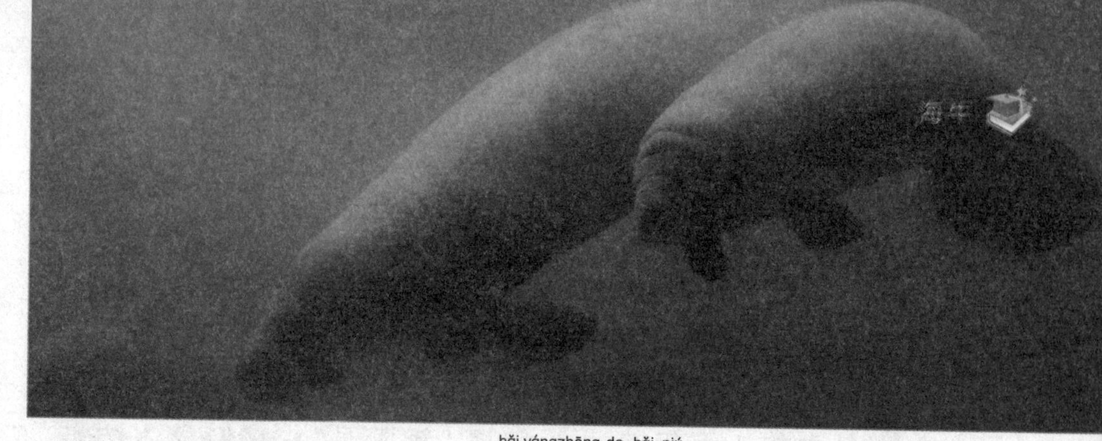

hǎi yángzhōng de hǎi niú
▲海洋中的海牛

dà xiàng de qīn qi
大象的亲戚

suī rán dà xiàng shēnghuó zài lù dì shang hǎi niú shēnghuó zài shuǐzhōng dàn tā men hái shì qīn qi ne jǐ yì niánqián yóu yú dà zì rán de biànqiān hǎi niú cái bèi pò xià hǎi shēnghuó de zhì jīn hǎi niú hé dà xiàng hái yǒu yī xiē gòngtóngdiǎn bǐ rú fū sè hěnxiàng ér qiě dōu shì cǎo shí dòng wù děng

虽然大象生活在陆地上，海牛生活在水中，但它们还是亲戚呢。几亿年前，由于大自然的变迁，海牛才被迫下海生活的。至今，海牛和大象还有一些共同点，比如肤色很像，而且都是草食动物等。

小知识

hǎi niú xǐ huan qián shuǐ tā yòng fèi hū xī néng zài shuǐ zhōng qián yóu dá shí jǐ fēn zhōng zhī jiǔ

海牛喜欢潜水，它用肺呼吸，能在水中潜游达十几分钟之久。

shuǐzhōngchú cǎo jī
水中除草机

hǎi niú shì hǎi yángzhōng wéi yī de cǎo shí bǔ rǔ dòng wù tā xǐ huan bái tiān zài hǎi lǐ shuì jiào wǎnshang chū wài mì shí tā de shí liàng fēi cháng dà chī cǎo xiàng juǎn dì tǎn yī bān yī piàn yī piàn de chī guò qù suǒ yǐ yǒu shuǐzhōngchú cǎo jī zhī chēng

海牛是海洋中唯一的草食哺乳动物。它喜欢白天在海里睡觉，晚上出外觅食。它的食量非常大，吃草像卷地毯一般，一片一片地吃过去，所以有“水中除草机”之称。

hǎi niú
▶海牛

海獭

海獭是大约1万年前才入海的“新成员”，它们身体结实，小而圆的头上，长着长长的胡须，小耳朵藏在毛里，看上去就像一只大老鼠。海獭无论睡觉、休息还是吃东西，都喜欢仰浮在水面上。

最小种类

海獭是海洋哺乳动物中最小的一个种类。它的头和脚都比较小，尾巴长长的，几乎占体长的1/4以上。

喜欢“臭美”

只要一有空闲时间，海獭就会梳理自己的皮毛，几乎把一天中的一半时间都花在“梳妆打扮”上，非常喜欢“臭美”。

▲ 漂游在水中的海獭

迎接新生命

海獭到了生育期，情投意合的一对会离开各自的群体，到一个洞穴中“成亲”。三天后，雌海獭会离开自己的“丈夫”，回到原来的群体。约9个月后，海獭家族就会迎来一个新的生命。

小知识

海獭的皮毛厚密柔软，能制成御寒的衣服，因此遭到人类大量捕杀。

天然卧室

海洋中浓密的海藻是海獭们栖息的“天然卧室”。海獭妈妈在潜水觅食前，会把宝宝小心翼翼地放在海藻的叶子里。这样，小海獭就不会随水漂走或被其他海洋动物伤害。

▶ 可爱的海獭

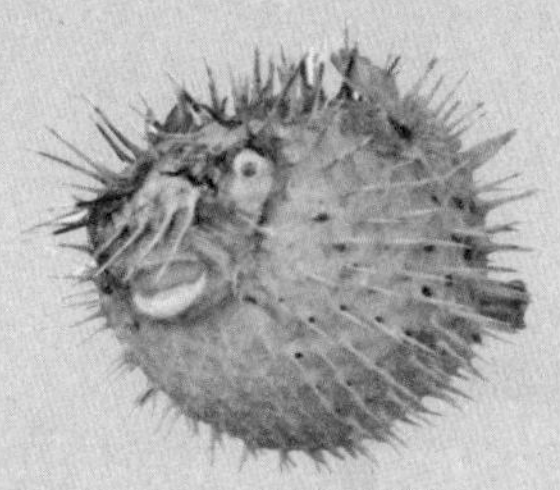

海洋鱼类

鱼类是令人羡慕的一种动物。在漫长的历史年代中，一些鱼类由于不能适应环境变化而绝种，另一些鱼类则坚强地存活下来，发展成为今天的鱼类。从淡水的湖泊或河流，到咸水的大海，地球上几乎所有的水生环境中，都能见到鱼类的身影。

dà bái shā
大白鲨

dà bái shā shì shā yú jiā zú zhōngzhēnzhèng kě pà de shā shǒu
大白鲨是鲨鱼家族中真正可怕的杀手，
tā kě yǐ zhǎngdào yī liànggōnggòng qì chē nà me cháng tí qǐ dà bái
它可以长到一辆公共汽车那么长。提起大白
shā rén men zuì xiān huì xiǎng tā nà yī kǒu jiān ruì de yá chǐ méi cuò tā de yá chǐ fēi cháng
鲨，人们最先会想它那一口尖锐的牙齿。没错！它的牙齿非常
fēng lì kě yǐ qīng yì de jiāng liè wù yǎochéngliǎng bàn
锋利，可以轻易地将猎物咬成两半。

hǎi yáng shāshǒu
海洋“杀手”

shā yú shì hǎi yángzhōng de zhēnzhèng shāshǒu tā yóuyǒng sù dù fēi chángkuài bǔ huò liè
鲨鱼是海洋中的真正“杀手”，它游泳速度非常快，捕获猎
wù yòu kuài yòuzhǔn hái hěnxiōngměng tā yǒu shí huì zài duǎn shí jiān nèi tūn xià yī zhěng zhī hǎi bào
物又快又准，还很凶猛。它有时会在短时间内吞下一整只海豹。
zuì kě pà de shì tā hái huìgōng jī rén lèi shì yī zhǒng fēi chángwēi xiǎn de dòng wù
最可怕的是，它还会攻击人类，是一种非常危险的动物。

hǎi yángzhōng de dà bái shā
▼海洋中的大白鲨

dà bái shā shēn tǐ cháng cháng de
▲大白鲨身体长长的

bǎo chí tǐ wēn
保持体温

zài quán shì jiè de hǎi yáng zhōng
在全世界的海洋中，
dà bái shā kě suàn shì fēn bù zuì guǎng de
大白鲨可算是分布最广的
shā yú zhī yī le　zhè shì yīn wèi tā
鲨鱼之一了。这是因为它
kě yǐ bǎo chí zhù gāo yú huán jìng wēn dù
可以保持住高于环境温度
de tǐ wēn　yīn ér　tā yě néng zài
的体温，因而，它也能在
fēi cháng lěng de hǎi shuǐ lǐ shēng cún
非常冷的海水里生存。

gēng huàn yá chǐ
更换牙齿

dà bái shā huì huàn yá　wú lùn shì nǎ
大白鲨会换牙，无论是哪
kē yá chǐ tuō luò le　hòu miàn bèi yòng de yá
颗牙齿脱落了，后面备用的牙
chǐ jiù huì yí dào qián miàn　lái bǔ chōng nà
齿就会移到前面，来补充那
kē tuō luò de yá chǐ　qí guài de shì
颗脱落的牙齿。奇怪的是，
tā de yá chǐ bèi miàn hái zhǎng yǒu dào gōu
它的牙齿背面还长有倒钩，
yī dàn nǎ gè liè wù bèi tā yǎo zhù　jiù
一旦哪个猎物被它咬住，就
hěn nán táo tuō
很难逃脱。

dà bái shā
▲大白鲨

pí fū shang zhǎng dào cì
皮肤上长倒刺

dà bái shā bù guāng yá chǐ lì hai　pí fū yě jù yǒu hěn dà de
大白鲨不光牙齿厉害，皮肤也具有很大的
shā shāng lì　dà bái shā méi yǒu yú lín　shēn shang què zhǎng mǎn le xiǎo
杀伤力。大白鲨没有鱼鳞，身上却长满了小
xiǎo de dào cì　zhè shǐ tā de pí fū bǐ shā zhǐ hái cū cāo　yào shì
小的倒刺，这使它的皮肤比砂纸还粗糙，要是
shuí bù xiǎo xīn bèi dà bái shā zhuàng le yī xià　dìng huì xiān xuè lín lí
谁不小心被大白鲨撞了一下，定会鲜血淋漓。

小知识

dà bái shā cháng cháng
大白鲨常常
tōng guò wèi yú lú gǔ nèi liǎng
通过位于颅骨内两
gè hěn xiǎo de chuán gǎn qì
个很小的传感器
lái biàn bié shēng yīn
来辨别声音。

jīng shā
鲸鲨

jīng shā sú míng dòu fu shā dà hān shā shì hǎi yáng lǐ zuì dà de yú lèi tǐ cháng kě dá duō mǐ yǔ qí tā shā yú bù tóng jīng shā xìng qíng wēn hé yǒu shí shèn zhì huì yǔ qián shuǐ yuán yī qǐ xī xì tā men yǒu shí huì bǎo chí jìng zhǐ jiāng dù pí fān dào shuǐ miàn shang shài tài yáng

鲸鲨俗名豆腐鲨、大憨鲨，是海洋里最大的鱼类，体长可达 20 多米。与其他鲨鱼不同，鲸鲨性情温和，有时甚至会与潜水员一起嬉戏。它们有时会保持静止，将肚皮翻到水面上晒太阳。

jīng shā de dà zuǐ ba
▲ 鲸鲨的大嘴巴

bài fǎng jīng shā 拜访鲸鲨

jīng shā shēng huó zài rè dài hé yà rè dài hǎi yù tā men kàn shàng qù hǎo xiàng chuān zhe yī jiàn dài bān diǎn de huī yī fu tǐ xíng suī rán fēi cháng dà dàn shēn tǐ què bǐ jiào biǎn píng nà zhāng kuān zuǐ ba jiù yǒu mǐ duō lǐ miàn hái cáng zhe xǔ xǔ duō duō xì xiǎo de yá chǐ

鲸鲨生活在热带和亚热带海域。它们看上去好像穿着一件带斑点的灰衣服，体型虽然非常大，但身体却比较扁平。那张宽嘴巴就有 1.5 米多，里面还藏着许许多多细小的牙齿。

xíng dòng xùn sù 行动迅速

jīng shā tǐ tài páng dà cháng cháng xǐ huan piāo fú zài shuǐ miàn shang shài tài yáng jīng shā kàn shàng qù yóu dòng sù dù huǎn màn shì shí shang tā men yóu yǒng de sù dù fēi cháng kuài huì xiàng cóng gāo kōng fǔ chōng ér xià de yīng yī yàng xùn sù fǔ shēn xiàng xià qián rù dào shēn hǎi lǐ

鲸鲨体态庞大，常常喜欢漂浮在水面上晒太阳。鲸鲨看上去游动速度缓慢，事实上，它们游泳的速度非常快，会像从高空俯冲而下的鹰一样，迅速俯身向下，潜入到深海里。

鲸鲨也“咳嗽”

鲸鲨也会“咳嗽”。在鲸鲨的身体里，长着一个叫“鳃耙”的器官，它是鲸鲨分离食物和海水的“过滤器”。当“鳃耙”里废物堆积时，鲸鲨就会“咳嗽”一下，清理里面的废物。

▲鲸鲨

食谱

鲸鲨是虑食动物，它在吃东西时会连海水一起吸进嘴巴，之后又紧闭嘴巴，把多余的海水从“过滤器”中过滤出来。它们比较喜欢吃浮游生物、巨大的藻类、磷虾和小型的乌贼和鱼儿等。

小知识

2008年，两名潜水员在达尔文海域发现了一条得白化病的鲸鲨。

▼人们给鲸鲨摄影

chuí tóu shā
锤头鲨

chuí tóu shā yě jiào shuāng jì shā tā dà dà de zuǐ ba shang
锤头鲨，也叫双髻鲨，它大大的嘴巴上，
zhǎng zhe yī gè kù sì gé gé mào zi de cháng cháng de nǎo dai tā
长着一个酷似格格“帽子”的长长的脑袋。它
de liǎng zhī yǎn jing zhǎng zài nǎo dai de liǎng biān jī hū xiāng jù mǐ ne kàn qǐ lái fēi cháng qí
的两只眼睛长在脑袋的两边，几乎相距1米呢，看起来非常奇
guài chuí tóu shā xiōng měng hào dòu rú guǒ jiàn dào tā yī dìng yào zǒu kāi ò
怪。锤头鲨凶猛好斗，如果见到它，一定要走开哦。

qí tè cháng xiàng
奇特长相

chuí tóu shā zhǎng xiàng qí tè jiǎn zhí xiàng gè wài xīng rén zhè
锤头鲨长相奇特，简直像个外星人，这
duì tā bǔ liè fēi cháng yǒu lì tā de zuǐ ba zhǎng zài nǎo dai de xià
对它捕猎非常有利。它的嘴巴长在脑袋的下
miàn yī zuǐ jiān lì de yá chǐ jiù zú yǐ ràng liè wù xīn jīng dǎn
面，一嘴尖利的牙齿，就足以让猎物心惊胆
zhàn gèng bié tí cóng tā shēn páng cóng róng de yóu zǒu le
战，更别提从它身旁从容地游走了。

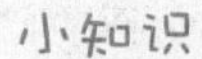

小知识

chuí tóu shā hěn xiōng
锤头鲨很凶
hàn shì jiè gè dì měi nián
悍，世界各地每年
dōu yǒu chuí tóu shā xí jī rén
都有锤头鲨袭击人
lèi de shì jiàn fā shēng
类的事件发生。

shì lì yōu shì
视力优势

chuí tóu shā de guài nǎo dai hěn shí yòng yīn wèi liǎng zhī
锤头鲨的怪脑袋很实用。因为两只
yǎn jing lí de hěn yuǎn suǒ yǐ tā men de shì yě fēi cháng
眼睛离得很远，所以它们的视野非常
kāi kuò tā men cháng cháng tōng guò lái huí yáo bǎi nǎo dai
开阔。它们常常通过来回摇摆脑袋，
kàn dào zhōu wéi dù fàn wéi nèi fā shēng de qíng kuàng néng
看到周围360度范围内发生的情况，能
fēi cháng zhǔn què de pàn duàn liè wù de fāng xiàng hé sù dù
非常准确地判断猎物的方向和速度。

chuí tóu shā de guài nǎo dai
▲ 锤头鲨的怪脑袋

长途旅行
cháng tú lǚ xíng

每年，锤头鲨都会进行两次长途旅行。一到炎热的夏天，它们就会游到温带海域进行避暑。到了寒冷的冬天，它们又会游到热带海域来越冬。

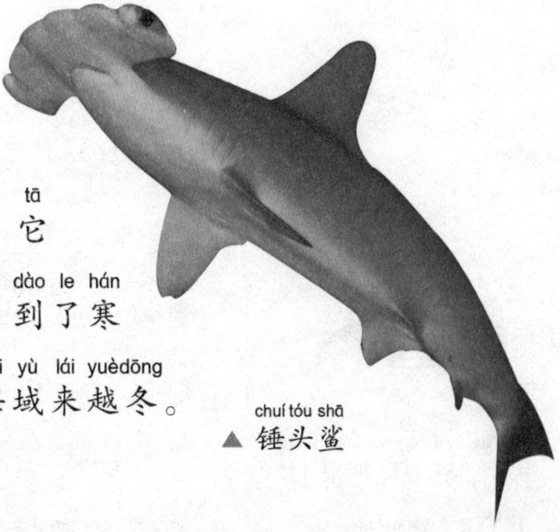

měi nián chuí tóu shā dōu huì jìn xíng liǎng cì cháng tú lǚ xíng yī dào yán rè de xià tiān tā men jiù huì yóu dào wēn dài hǎi yù jìn xíng bì shǔ dào le hán lěng de dōng tiān tā men yòu huì yóu dào rè dài hǎi yù lái yuè dōng

▲ 锤头鲨（chuí tóu shā）

贪婪的掠食者
tān lán de lüè shí zhě

锤头鲨可是海洋中贪婪的掠食者，像鱼类、甲壳类和软体动物都是它们的食物。它们经常在海滩、海湾和河口处出没，在珊瑚礁中寻找食物。

chuí tóu shā kě shì hǎi yáng zhōng tān lán de lüè shí zhě xiàng yú lèi jiǎ ké lèi hé ruǎn tǐ dòng wù dōu shì tā men de shí wù tā men jīng cháng zài hǎi tān hǎi wān hé hé kǒu chù chū mò zài shān hú jiāo zhōng xún zhǎo shí wù

▼ 海洋中的锤头鲨（hǎi yáng zhōng de chuí tóu shā）

yáo yú
鳐鱼

yáo yú yòu jiào píng shā shēnghuó zài rè dài shuǐ yù tā men
鳐鱼又叫“平鲨”，生活在热带水域。它们
shēn tǐ biǎn píng wěi ba xiàng yī tiáo xì cháng de biān zi tóu hé qū tǐ
身体扁平，尾巴像一条细长的鞭子，头和躯体
méi yǒu jiè xiàn shēn tǐ zhōu wéi yǒu yī quānkuān dà de xiōng qí zhāng kāi yǔ tóu cè xiāng lián zhěng
没有界限，身体周围有一圈宽大的胸鳍，张开与头侧相连，整
gè shēn tǐ kànshàng qù xiàng yī bǎ jù dà de pú shàn
个身体看上去像一把巨大的蒲扇。

yáo yú dà jiā zú
鳐鱼大家族

yáo yú de zhǒng lèi hěn duō quán shì jiè fā xiàn de yáo yú yǒu duōzhǒng tǐ xíng jù dà
鳐鱼的种类很多，全世界发现的鳐鱼有100多种。体型巨大
de fú fèn hé nénggòu fàngdiàn de diàn yáo dōu shǔ yú yáo yú lèi xiàn bǎn yáo shì zuì dà de yī zhǒng yáo
的蝠鲼和能够放电的电鳐都属于鳐鱼类；线板鳐是最大的一种鳐
yú xiōng qí zhǎn kāi hòu dá mǐ néng xiàng fēi xíng bān de zài hǎi zhōng áo yóu
鱼，胸鳍展开后达8米，能像飞行般地在海中遨游。

shēn tǐ biǎnpíng de yáo yú
▲ 身体扁平的鳐鱼

shā yú de jìn qīn
鲨鱼的近亲

yáo yú xǐ huan jìng jìng de fú zài hǎi dǐ
鳐鱼喜欢静静地伏在海底，
tā men de yàng zi suī rán hé shā yú xiāngchà hěnyuǎn
它们的样子虽然和鲨鱼相差很远，
dàn què shì shā yú de jìn qīn yáo yú hé shā yú
但却是鲨鱼的近亲。鳐鱼和鲨鱼
yī yàng dōu méi yǒu yú biào suǒ yǐ tā men zài hǎi
一样都没有鱼鳔，所以它们在海
shuǐ zhōng yóu yǒng shí zhǔ yào yī kào xiōng qí zuò bō
水中游泳时，主要依靠胸鳍做波
làngxìng de yùndòng qián jìn
浪性的运动前进。

kuān dà de xiōng qí
宽大的胸鳍

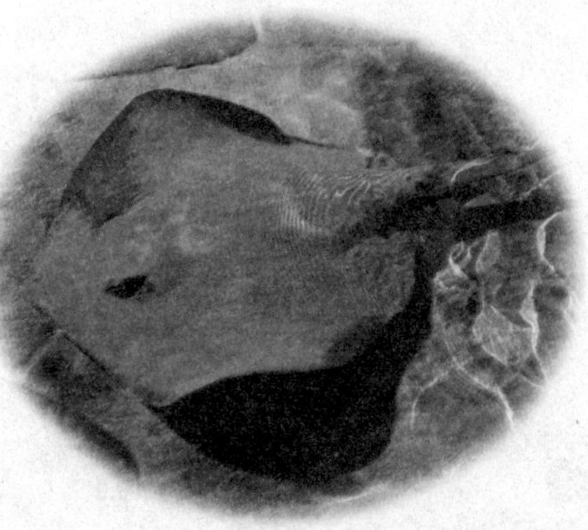

xiōng qí kuān dà de yáo yú
▲胸鳍宽大的鳐鱼

duō shùzhǒng lèi de yáo yú wěi ba xiàngbiān zi
多数种类的鳐鱼，尾巴像鞭子
yī yàng xì cháng méi yǒu tún qí wěi qí yě yǐ jīng
一样细长，没有臀鳍，尾鳍也已经
tuì huà yīn cǐ tā men yóuyǒng de shí hou zhǔ
退化。因此，它们游泳的时候，主
yào lì yòngxiōng qí zuò bō làngxìng de yùndòngqián jìn
要利用胸鳍作波浪性的运动前进。

yáo yú de xiōng qí kuān dà yóu wěnduānkuòshēndào xì cháng
鳐鱼的胸鳍宽大，由吻端扩伸到细长
de wěi gēn bù
的尾根部。

kào xiù jué bǔ shí
靠嗅觉捕食

yáo yú zhǔ yào kào xiù jué bǔ liè tā men de shí wù huì
鳐鱼主要靠嗅觉捕猎，它们的食物会
suí zhe nián língzēngzhǎng ér biàn huà xiǎo yáo yú xǐ huan chī shēng
随着年龄增长而变化。小鳐鱼喜欢吃生
huó zài hǎi dǐ de xiè hé lóng xiā zhǎng dà hòu tā men xǐ huan
活在海底的蟹和龙虾，长大后，它们喜欢
bǔ shí wū zéi děngruǎn tǐ dòng wù
捕食乌贼等软体动物。

小知识

rú guǒ jīng rǎo le yáo
如果惊扰了鳐
yú tā jiù huì yòng dú cì
鱼，它就会用毒刺
cì xiàng nǐ rén shòushāng hòu
刺向你，人受伤后
huì yǒu shēngmìng wēi xiǎn
会有生命危险。

yǐn cánghěnshēn de yáo yú
▲隐藏很深的鳐鱼

diàn yáo
电鳐

diàn yáo shì yáo yú de yī zhǒng tā men de tóu xiōng bù liǎng cè gè yǒu
电鳐是鳐鱼的一种，它们的头胸部两侧各有
yī gè tuǒ yuán xíng fēng wō zhuàng de fā diàn qì zhè liǎng gè fā diàn qì néng
一个椭圆形、蜂窝状的发电器，这两个发电器能
bǎ shén jīng néng zhuǎn huà wéi diàn néng yǒu xiē diàn yáo kě yǐ fàng chū gāo dá fú tè de diàn liú
把神经能转化为电能。有些电鳐可以放出高达200伏特的电流，
wǎngwǎng shǐ dí rén bù gǎn qīng yì kào jìn tā
往往使敌人不敢轻易靠近它。

diàn bǎn zhù
电板柱

diàn yáo shēnshang de fā diàn qì pái liè chéng liù jiǎo zhù tǐ jiào diàn bǎn zhù tā men
电鳐身上的发电器排列成六角柱体，叫“电板”柱。它们
shēnshang gòng yǒu gè diàn bǎn zhù yǒu wàn kuài diàn bǎn zhè xiē diàn bǎn zhī jiān chōng
身上共有2000个电板柱，有200万块“电板”。这些电板之间充
mǎn jiāo zhì zhuàng de wù zhì kě yǐ qǐ jué yuán zuò yòng suǒ yǐ diàn yáo zì jǐ bù huì bèi diàn jī
满胶质状的物质，可以起绝缘作用，所以电鳐自己不会被电击。

yī tiáo zhèng zài xún zhǎo shí wù de diàn yáo
▼一条正在寻找食物的电鳐

海底“活电站”

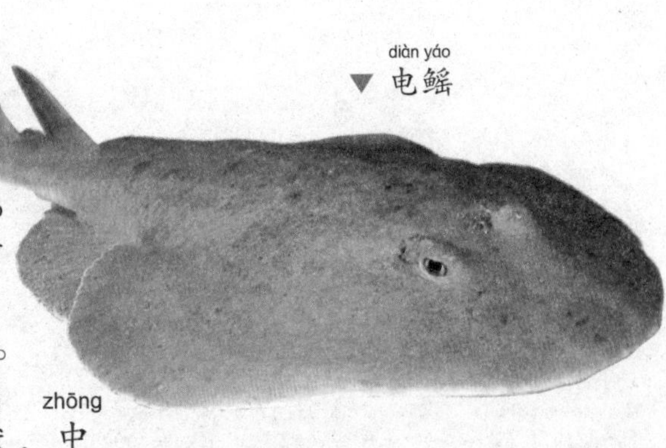

▼电鳐

电鳐堪称海底“活电站”。世界上电鳐有好多种，发电能力也各不相同。非洲电鳐一次可发电约220伏，中等大小的电鳐可发电70~80伏，较小的南美电鳐只能发出37伏电压。

> 小知识
>
> 非洲电鳐可发出220伏电压，可以使我们室内照明用的白炽灯发亮。

觅食绝招

电鳐喜欢潜伏在海底泥沙里，饥饿时才从泥沙里钻出来。它觅食时的绝招是游进鱼虾中频频放电，对方被电晕不能游动时，它就会上前吞食。如果遇到敌害攻击，它也用放电回击。

喜欢的食物

虽然电鳐能随意放电，放电时间和强度自己也完全能够掌握。但是它连续放电后，电流会逐渐减弱，十多秒后，就会完全消失。水中的小鱼、虾及其他的小动物是电鳐喜欢的食物。

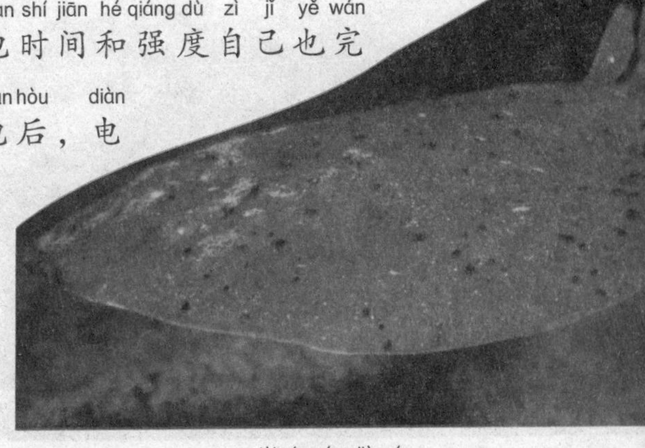

▲太平洋电鳐

fú fèn
蝠鲼

fú fèn shì yáo yú zhōng zuì dà de zhǒng lèi tā méi yǒu gōng jī xìng dàn shì zài shòu dào jīng
蝠鲼是鳐鱼中最大的种类。它没有攻击性，但是在受到惊
rǎo de shí hou tā de lì liàng què fēi cháng qiáng dà zú gòu jī huǐ yī zhī xiǎo chuán yǔ qí tā
扰的时候，它的力量却非常强大，足够击毁一只小船。与其他
yú bù tóng fú fèn xǐ huan chī xiǎo xíng de fú yóu shēng wù jīng cháng zài shān hú jiāo fù jìn mì shí
鱼不同，蝠鲼喜欢吃小型的浮游生物，经常在珊瑚礁附近觅食。

shuǐ xià mó guǐ
“水下魔鬼”

fú fèn shēng huó zài rè dài hé yà rè dài hǎi yù de dǐ céng bèi rén men jiào zuò shuǐ xià mó
蝠鲼生活在热带和亚热带海域的底层，被人们叫做“水下魔
guǐ tā de gè tóu hé lì qì cháng cháng shǐ qián shuǐ yuán gǎn dào hài pà yīn wèi yī dàn tā fā qǐ
鬼”。它的个头和力气常常使潜水员感到害怕，因为一旦它发起
nù lái zhǐ xū yòng tā qiáng yǒu lì de shuāng chì yī pāi jiù huì pāi duàn rén de gǔ tou zhì
怒来，只需用它强有力的“双翅”一拍，就会拍断人的骨头，致
rén yú sǐ dì
人于死地。

wēn shùn lǎo dà
温顺老大

fú fèn tǐ xíng jù dà xiōng qí zhāng
蝠鲼体型巨大，胸鳍张
kāi shí jiù xiàng yī zhāng dà tǎn yīn cǐ yě
开时就像一张大毯，因此也
bèi jiào zuò tǎn yáo bié kàn tā wài biǎo
被叫做“毯鳐”。别看它外表
xià rén qí shí tā xìng qíng fēi cháng wēn hé
吓人，其实它性情非常温和。
xǔ duō xiǎo yú jiàn dào tā bù jǐn bù huì
许多小鱼见到它，不仅不会
duǒ kāi fǎn ér huì chōng shàng qù zhuó shí
躲开，反而会冲上去啄食
tā shēn shang de sǐ pí hé jì shēng chóng
它身上的死皮和寄生虫。

shēn tǐ páng dà de fú fèn
▲ 身体庞大的蝠鲼

▲ 海洋中的蝠鲼

水上“开炮”

在繁殖季节，蝠鲼有时用双鳍拍击水面，跃起在空中翻筋斗，在离水一人多高的上空“滑翔”。由于它体态十分笨拙，落入水面的声音就像开炮一样。

小知识

最小的蝠鲼是澳大利亚的无刺蝠鲼，体宽不超过60厘米。

力大无比

▲ 蝠鲼看上去很干净

蝠鲼缓慢地扇动着大翼在海中悠闲游动，并用前鳍和肉角把浮游生物和其他微小的生物，拨进它宽大的嘴里。由于它的力气很大，所以连最凶猛的鲨鱼也要远远地避开，不敢袭击它。

鳗

在海洋中，常常有小鱼吃大鱼的怪事发生。它们从大鱼的鳃部钻入腹腔，在大鱼肚里咬食内脏与肌肉，直至咬穿大鱼的腹肌，最终破洞而出。这些胆大包天的小鱼，就是有着蛇一样细长身躯的鳗。

小知识

七鳃鳗胆子很大，甚至敢毫无顾忌地依附在一些危险的鱼类身上。

鳗的历史

鳗是一种外观类似长条蛇形的鱼类，也是唯一一种脊椎类软体动物，因而科学家们很难找到这种鱼类在远古时期的化石。据科学家们推测，鳗的祖先应该生活于5.5亿年前的寒武纪时期。

▼鳗

chènluàn bǔ shí
趁乱捕食

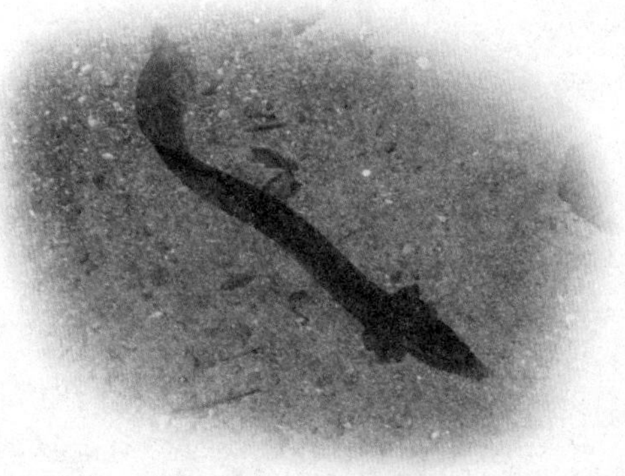

xún zhǎo shí wù de mán
▲ 寻找食物的鳗

měidāngfēnglàng dà zuò shuǐ zhì hùnzhuó shí
每当风浪大作、水质混浊时，
mán jiù huì chū lái sì chù mì shí yóu qí zài huáng
鳗就会出来四处觅食。尤其在黄
hūn zhì língchénzhèduàn shí jiān lǐ tā mengèng jiā huó
昏至凌晨这段时间里，它们更加活
yuè
跃。

mán
◀ 鳗

mángmán
盲鳗

mángmán shì shì jiè shangwéi yī yòng bí zi hū xī de yú lèi
盲鳗是世界上唯一用鼻子呼吸的鱼类。
tā de shuāngyǎn tiānshēngzhǎngzhe yī céng pí mó tóu bù zhǎngzhe gǎn
它的双眼天生长着一层皮膜，头部长着感
shòu qì quánshēnzhǎngmǎn le chāogǎn jué xì bāo néng bǐ jiàozhèng
受器，全身长满了超感觉细胞，能比较正
què de pàn dìngfāngxiàng fēn biàn wù tǐ zhè duìmángmán de bǔ shí
确地判定方向、分辨物体，这对盲鳗的捕食
hé bì dí dōu dà yǒuyòngchù
和避敌都大有用处。

qiǎomiào tuō táo
巧妙脱逃

mángmán tǐ biǎo yǒu tè shū de xiàn tǐ kě yǐ chǎnshēng
盲鳗体表有特殊的腺体，可以产生
hòu hòu de nián yè yù dào dí rén shí tā men huì yòngnián yè
厚厚的黏液。遇到敌人时，它们会用黏液
bǎ zhōuwéi de hǎi shuǐ jiǎo chéngbàn tòumíng de yī tuán bìng xùn
把周围的海水搅成半透明的一团，并迅
sù gǎi biàn zì jǐ de tǐ xíng hái méi děng dí rén cóngkùn huò
速改变自己的体形，还没等敌人从困惑
zhōng huí guòshén er lái mángmán yǐ jīngchèn jī táo pǎo le
中回过神儿来，盲鳗已经趁机逃跑了。

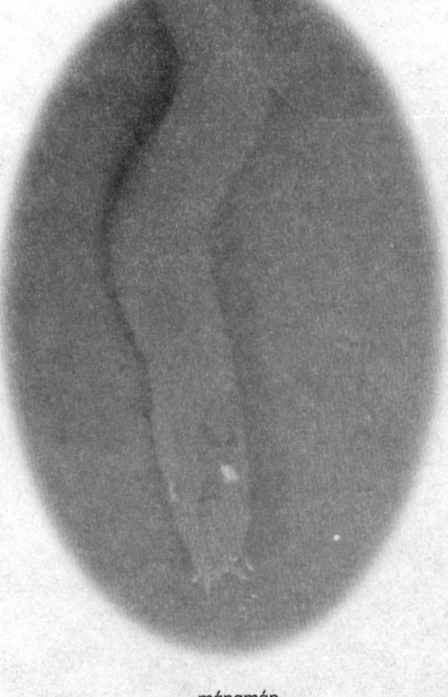

mángmán
▲ 盲鳗

diàn mán
电鳗

diàn mán suī rán xíng dòng chí huǎn dàn què yǒu yī xiàng tè shū běn lǐng nà jiù shì kě yǐ fàng diàn tā men shì fàng de diàn yā shì yú lèi zhōng zuì gāo de fàng diàn qì guān kě yǐ fā chū fú tè de qiáng lì diàn liú jiāng liè wù huò tiān dí jī hūn yě kě yǐ shǐ rén zhì mìng

电鳗虽然行动迟缓，但却有一项特殊本领，那就是可以放电。它们释放的电压是鱼类中最高的，放电器官可以发出600~800伏特的强力电流，将猎物或天敌击昏，也可以使人致命。

shuǐ zhōng gāo yā xiàn
水中“高压线”

diàn mán shì yú lèi zhōng fàng diàn néng lì zuì qiáng de dàn shuǐ yú lèi tā shū chū de diàn yā yǒu fú yǒu de shèn zhì kě dá fú zài shuǐ zhōng mǐ mǐ fàn wéi nèi cháng yǒu rén chù jí diàn mán fàng chū de diàn ér bèi jī sǐ yīn cǐ diàn mán yǒu shuǐ zhōng de gāo yā xiàn zhī chēng

电鳗是鱼类中放电能力最强的淡水鱼类，它输出的电压有300伏，有的甚至可达800伏。在水中3米~6米范围内，常有人触及电鳗放出的电而被击死，因此电鳗有水中的“高压线”之称。

shuǐ dǐ diàn mán
▼水底电鳗

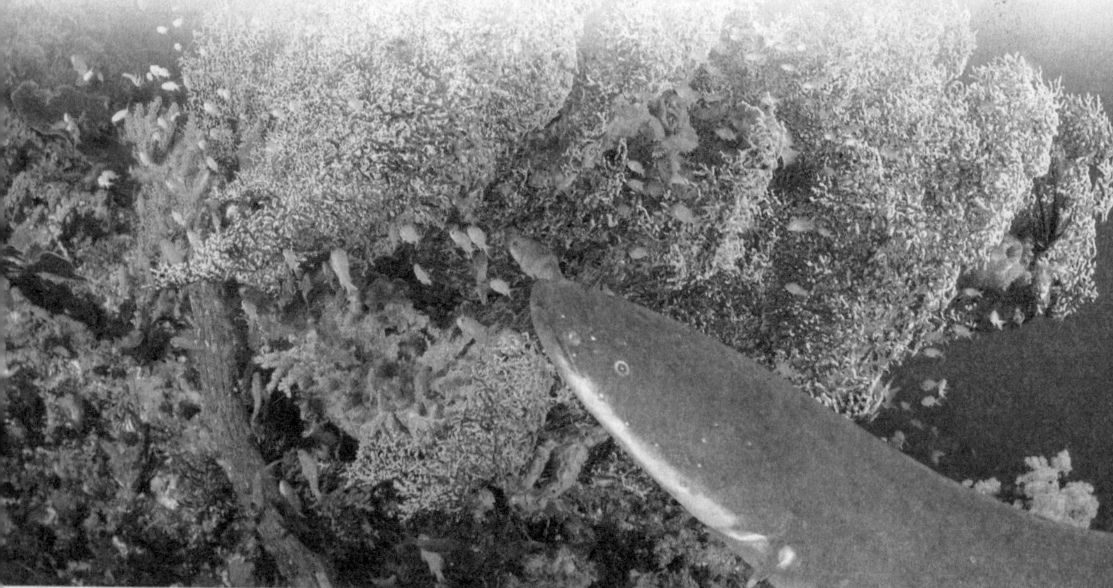

抵御敌害

电鳗的发电器分布在身体两侧，身体尾端为正极，头部为负极，电流是从尾部流向头部。当头部和尾部被攻击时，它的身体就会产生电流，击昏敌人。

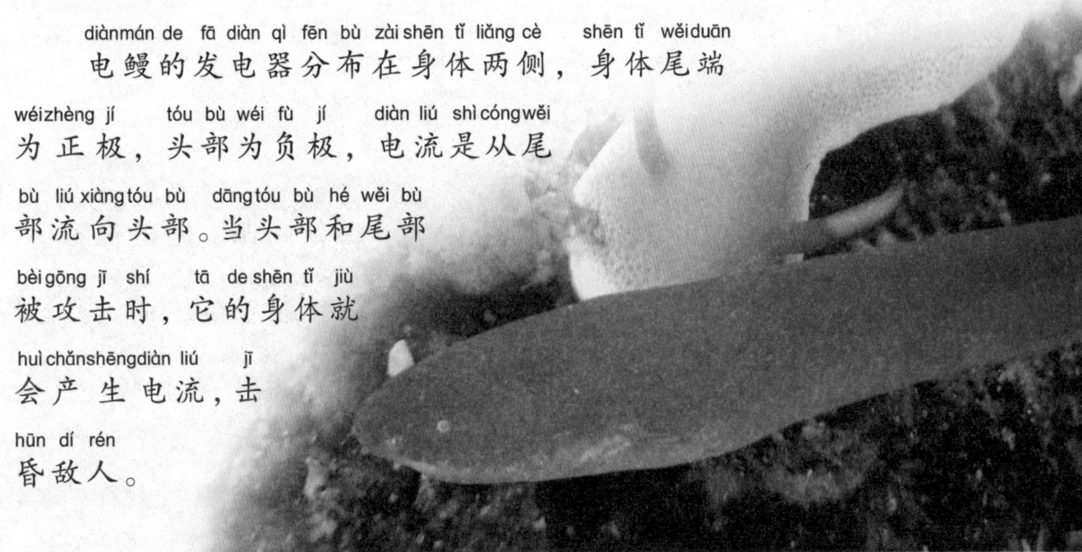

▲与电鳐类似，电鳗的发电器也是由许多电板组成的

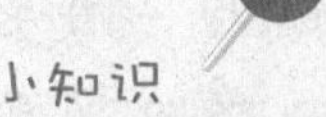

小知识

世界上已知的发电鱼类达数十种，其他会放电的鱼类还有电鲇等。

捕猎手段

电鳗放电是获取猎物的一种手段。它所释放的电量，能够轻而易举地把比它小的动物击死，有时还会击毙比它大的动物，如正在河里涉水的马和游泳的牛也会被电鳗击昏，成为它的美餐。

电池的发明

世界上第一个电池是意大利物理学家伏打发明的。据说伏打本人把他所发明的电池叫做“人造电器官”，因为它就是模仿电鳗的电器官而发明设计出来的。

hǎi mǎ

海马

hǎi mǎ zhǎngxiāng qí tè nǎo dai xiàng mǎ zuǐ xiàng lǎ ba wěi ba xiàng hóu
海马长相奇特，脑袋像马，嘴像喇叭，尾巴像猴，
shēnshang hái fù gài zhe hěn duō jié gǔ gé jiù xiàng yī gè chuānzhe kuī jiǎ de shì bīng
身上还覆盖着很多节骨骼，就像一个穿着盔甲的士兵。
zhè yàng de wài xíng nǐ yī dìngxiǎngxiàng bù dào tā yě shǔ yú yú lèi yě yǒu zhe hé yú yī yàng
这样的外形你一定想象不到，它也属于鱼类，也有着和鱼一样
de jǐ zhuī sāi hé qí děng qì guān
的脊椎、鳃和鳍等器官。

tú yǒu xū míng

徒有虚名

bié kàn hǎi mǎ de nǎo dài zhǎng de hěnxiàng mǎ kě tā men
别看海马的脑袋长得很像马，可它们
què bù shì hǎi yáng lǐ de yóu yǒng jiàn jiàng hǎi mǎ shì gè mànxìng
却不是海洋里的游泳健将。海马是个慢性
zi tā xǐ huan zhí lì zài shuǐzhōng shēn shì bān màn yōu yōu de
子，它喜欢直立在水中，绅士般慢悠悠地
yóu zhe měi fēn zhōng néng yóu mǐ jiù yǐ jīng hěn bù cuò le
游着，每分钟能游3米就已经很不错了。

bǔ shí jué jì

捕食绝技

hǎi mǎ de yǎn jing hěn tè bié nénggòu fēn bié xuánzhuǎnbìng
海马的眼睛很特别，能够分别旋转并
gè sī qí zhí tā kě yǐ yī zhī yǎn jingzhuānményòng lái jiān
“各司其职”。它可以一只眼睛专门用来监
shì lái dí lìng yī zhī zé yòng lái xúnzhǎo shí wù yī dàn fā
视来敌，另一只则用来寻找食物。一旦发
xiàn shí wù tā nà xī chén qì shì de zuǐ ba biàn huì yī bìngjiāng
现食物，它那吸尘器似的嘴巴便会一并将
yòu xiā xiǎo yú huò fú yóushēng wù xī rù fù zhōng
幼虾、小鱼或浮游生物吸入腹中。

bà ba shēng hái zi

爸爸生孩子

yǔ qí tā dòng wù bù tóng hǎi mǎ bà ba huì wán chéng shēng hái zi de rèn wù
与其他动物不同，海马爸爸会完成生孩子的任务。
hǎi mǎ bà ba dù zi shang yǒu yī gè yù ér dài hǎi mǎ mā ma bǎ luǎn chǎn zài lǐ
海马爸爸肚子上有一个育儿袋，海马妈妈把卵产在里
miàn yóu hǎi mǎ bà ba lái fū huà luǎn zài yù ér dài lǐ jīng guò tiān hòu
面，由海马爸爸来孵化。卵在育儿袋里经过10~25天后，
biàn huì fū huà chéng xiǎo hǎi mǎ
便会孵化成小海马。

hǎi mǎ
▶ 海马

小知识

hǎi mǎ de pí fū xiàn kě yǐ fēn mì chū yī zhǒng hóng sè de nián yè néng bǎo hù qí mǐn gǎn de pí fū
海马的皮肤腺可以分泌出一种红色的黏液，能保护其敏感的皮肤。

hǎi mǎ de bǎo xiǎn dài

海马的“保险带”

hǎi mǎ zhǎng zhe yī tiáo yòu cháng yòu juǎn de wěi ba jiù xiàng
海马长着一条又长又卷的尾巴，就像
bǎo xiǎn dài tā men zài mì shí tú zhōng xiǎng xiū xi shí jiù huì
“保险带”。它们在觅食途中想休息时，就会
yòng wěi ba gōu zhù shēn biān de shān hú huò hǎi cǎo yǒu shí yě huì gōu zài
用尾巴钩住身边的珊瑚或海草，有时也会钩在
tóng bàn zuǐ shang zhè yàng jiù bù huì bèi hǎi shuǐ chōng zǒu le
同伴嘴上，这样就不会被海水冲走了。

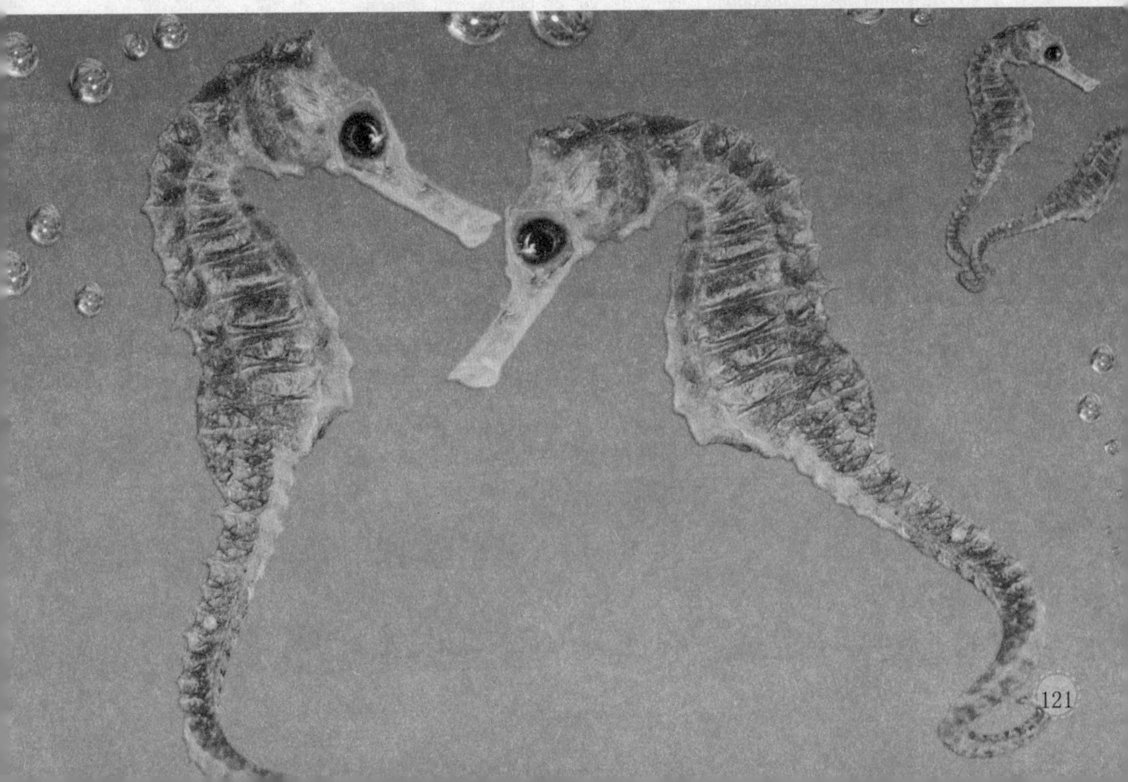

hǎi lóng

海龙

hǎi lóng kàn shàng qù qīng yíng měi lì tā bìng bù shì wǒ men xiǎng
海龙看上去轻盈美丽，它并不是我们想
xiàng zhōng de hǎi yáng guài shòu ér shì yī zhǒng qí tè de hǎi yáng yú lèi
象中的海洋怪兽，而是一种奇特的海洋鱼类
dòng wù tā men shì hǎi mǎ de qīn qi yǔ hǎi mǎ yǒu yī xiē xiāng tóng zhī chù dàn shì
动物。它们是海马的“亲戚”，与海马有一些相同之处，但是
rú guǒ bǎ hǎi lóng hé hǎi mǎ fàng zài yī qǐ nǐ jué duì kě yǐ qū fēn kāi
如果把海龙和海马放在一起，你绝对可以区分开。

hǎi lóng de shēn tǐ

海龙的身体

hǎi lóng de tóu bù hé hǎi mǎ bǐ jiào xiàng yòu xì yòu cháng ér
海龙的头部和海马比较像，又细又长，而
qiě wěi ba bù néng xiàng hǎi mǎ nà yàng pán juǎn qǐ lái yǒu xiē hǎi lóng de
且尾巴不能像海马那样盘卷起来。有些海龙的
shēn tǐ yǒu fù shēng wù zuò zhuāng bàn cáng nì yú àn biān de hǎi cǎo cóng
身体有附生物作装扮，藏匿于岸边的海草丛
zhōng shí hěn xiàng hǎi cǎo de jīng dí rén hěn nán fā xiàn
中时，很像海草的茎，敌人很难发现。

小知识

hǎi lóng cháng cháng qī
海龙常常栖
xī zài mǒu gè dì fāng jìng zhǐ
息在某个地方静止
bù dòng yīn cǐ cháng cháng
不动，因此常常
bèi wù rèn wéi shì zhí wù
被误认为是植物。

wěi zhuāng dà shī

伪装大师

yè hǎi lóng kàn shàng qù jì xiàng hǎi zǎo yè yòu xiàng lóng shì hǎi yáng dòng wù shì jiè zhōng de wěi
叶海龙看上去既像海藻叶又像龙，是海洋动物世界中的“伪
zhuāng dà shī yè hǎi lóng kě yǐ wěi zhuāng chéng hǎi zǎo yǐn cáng zài ān quán de jìn hǎi shuǐ yù zhōng
装大师”。叶海龙可以伪装成海藻，隐藏在安全的近海水域中
qī xī yǔ mì shí zhǐ yǒu zài bǎi dòng xiǎo qí huò shì zhuǎn dòng yǎn zhū shí cái huì bào lù xíng zōng
栖息与觅食，只有在摆动小鳍或是转动眼珠时，才会暴露行踪。

hǎi lóng
▲ 海龙

cǎo hǎi lóng
草海龙

cǎo hǎi lóng wài biǎo bǐ jiào jiē jìn hǎi mǎ tā
草海龙外表比较接近海马，它
zhǎng de jì xiàng lóng yòu xiàng shì yī zhǒng hǎi cǎo
长得既像龙，又像是一种海草。
cǎo hǎi lóng de tǐ sè yǒu hěn duō zhǒng rú hóng sè
草海龙的体色有很多种，如红色、
zǐ sè hé huáng sè děng lìng wài tā de xiōng bù yǒu
紫色和黄色等，另外它的胸部有
bǎo lán sè tiáo wén shēn shang hé wěi bù de fù zhī yě bǐ yè hǎi lóng xī shǎo
宝蓝色条纹，身上和尾部的附肢也比叶海龙稀少。

diāo hǎi lóng
刁海龙

diāo hǎi lóng kàn shàng qù biǎn biǎn de shēn tǐ xì xì cháng cháng de yǎn jīng dà dà yuán yuán de
刁海龙看上去扁扁的，身体细细长长的，眼睛大大圆圆的。
tā men quán shēn zhǎng mǎn le gǔ piàn zhuàng de huáng bái sè lín piàn xǐ huan qī xī zài yán hǎi zǎo lèi fán
它们全身长满了骨片状的黄白色鳞片，喜欢栖息在沿海藻类繁
mào de dì fang shēng huó xí xìng hé fán zhí qíng kuàng yǔ hǎi mǎ shí fēn xiāng sì
茂的地方，生活习性和繁殖情况与海马十分相似。

yè hǎi lóng
▼ 叶海龙

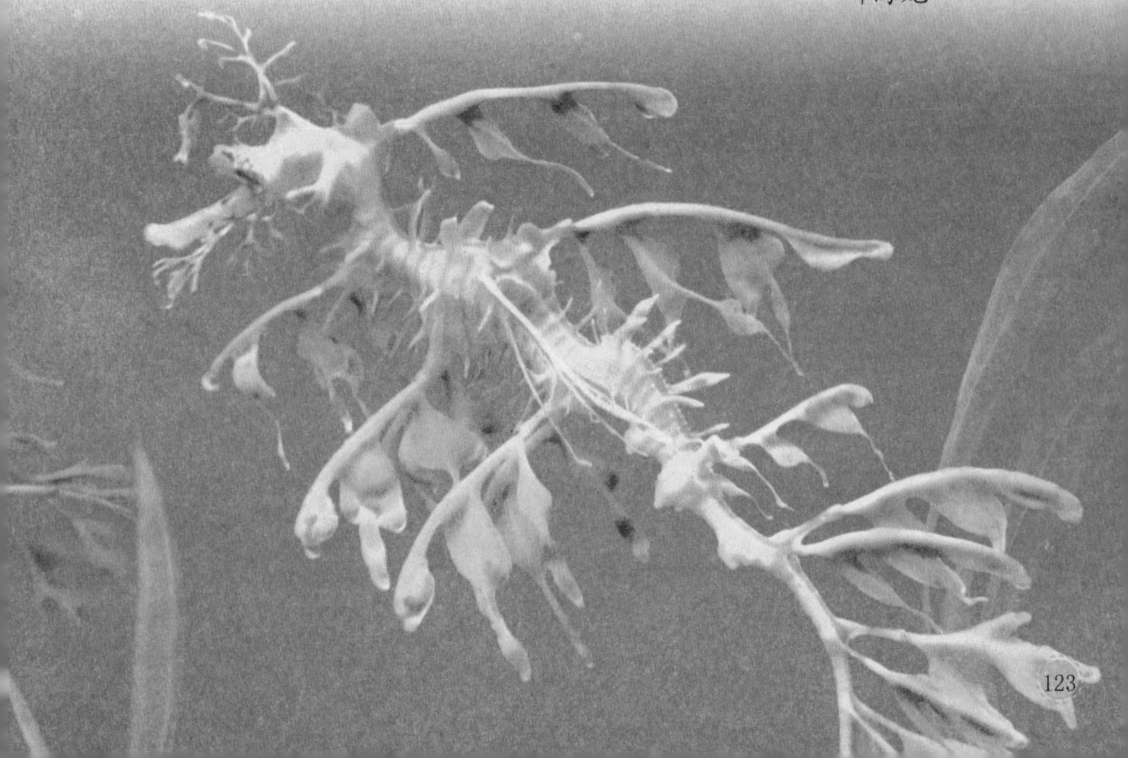

刺鲀

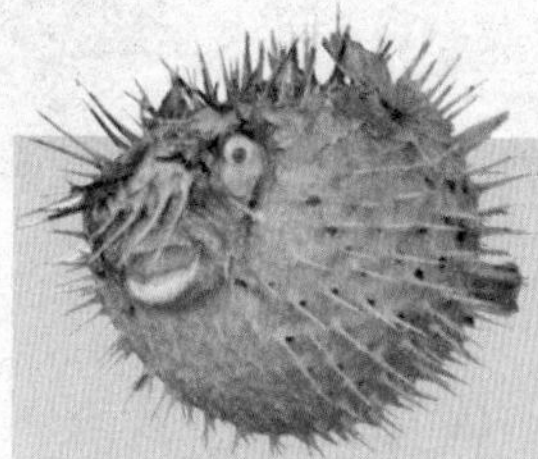

刺鲀是鱼类家族的“刺猬”，它在休息状态下，身上的硬刺平贴在身体上。一旦遇到敌害，身上的硬刺会马上竖起来，使敌人无从下嘴。这个本领和陆地上的刺猬是一样的。

硬刺保护

刺鲀的刺是鳞片变形而成，非常坚硬，最长可达到5厘米左右，对皮肤具有铠甲般的保护作用，但是没有毒性。平时，它们身上的硬刺平贴在身上，看起来与别的鱼没有太大的区别。

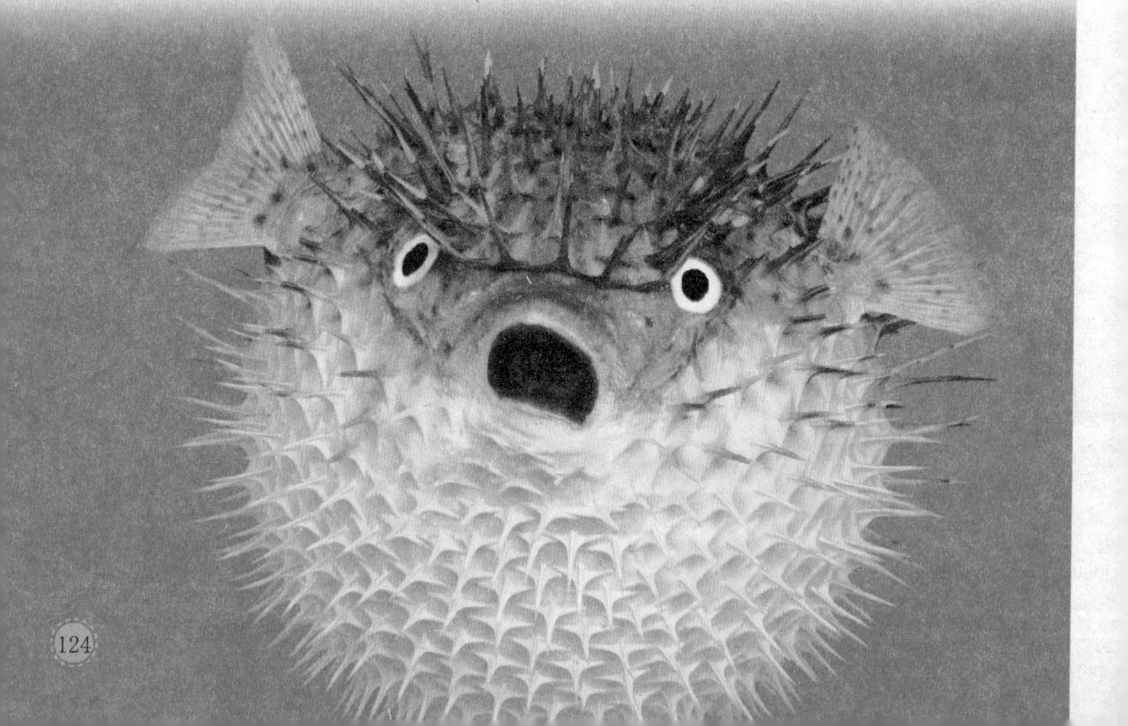

kǎi jiǎ yǒng shì
“铠甲勇士”

dāng yù dào dí rén shí cì tún huì xī rù hǎi
当遇到敌人时，刺鲀会吸入海
shuǐ shǐ shēn tǐ zhàng dà yìng cì shù lì rú guǒ
水，使身体胀大，硬刺竖立。如果
yǒu dà yú xí jī yī qún cì tún shí tā men huì quán
有大鱼袭击一群刺鲀时，它们会全
dōu shù qǐ cì bìng jù jí chéng yī tuán xiàng yī gè
都竖起刺，并聚集成一团，像一个
dà cì qiú dà yú kàn jiàn shí wù bǐ zì jǐ hái dà
大刺球。大鱼看见食物比自己还大，
jiù huì xià de luò huāng ér táo
就会吓得落荒而逃。

cì tún bù zhǐ huì fáng yù hái huì zì dòng fǎn jī
▲刺鲀不只会防御，还会自动反击

fáng shǒu fǎn jī
防守反击

dà xī yáng lǐ xiōng hàn de wǎ shì xié chǐ shā yī cì néng tūn jìn
大西洋里凶悍的瓦氏斜齿鲨一次能吞进
duō tiáo mó qiú tún cì tún de yī zhǒng mó qiú tún jìn rù dù
40多条磨球鲀（刺鲀的一种）。磨球鲀进入肚
zi hòu huì quán shēn péng zhàng shù qǐ jí cì bìng qiě fān gǔn sī yǎo
子后，会全身膨胀竖起棘刺，并且翻滚撕咬，
shā yú zuì hòu fǎn dào chéng
鲨鱼最后反倒成
wéi tā men de měi cān
为它们的美餐。

小知识

zhǐ yǒu dāng cì tún jué
只有当刺鲀觉
de jǐng bào jiě chú shí cái
得警报解除时，才
huī fù píng shí de yàng zi
恢复平时的样子。

cì tún zài tǔ pào pào
◀刺鲀在吐泡泡

xǐ huan de shí wù
喜欢的食物

cì tún shì hé tún de tóng lèi tā men guǎng fàn fēn
刺鲀是河鲀的同类，它们广泛分
bù yú shì jiè rè dài hǎi yù zài shuǐ dǐ de hǎi zǎo hé shān
布于世界热带海域，在水底的海藻和珊
hú jiāo fù jìn shēng huó cì tún shì ròu shí xìng dòng wù yóu
瑚礁附近生活。刺鲀是肉食性动物，游
yǒng néng lì bǐ jiào ruò xǐ huan chī jiān yìng de shān hú bèi
泳能力比较弱，喜欢吃坚硬的珊瑚、贝
lèi xiā xiè děng
类、虾、蟹等。

suō yóu
蓑鲉

suō yóu yòu bèi chēng wéi shī yú kàn shàng qù xiàng shì pī zhe
蓑鲉，又被称为“狮鱼”，看上去像是披着
yī jiàn měi lì de suō yī tā men yóu dòng shí jiù xiàng huǒ jī zài bēn pǎo
一件美丽的蓑衣，它们游动时就像火鸡在奔跑，
suǒ yǐ rén men yòu bǎ tā men chēng wéi huǒ jī yú suō yóu zǒng shì xǐ huan zài hǎi dǐ màn màn
所以人们又把它们称为“火鸡鱼”。蓑鲉总是喜欢在海底慢慢
yóu yì shì jiā yǎng yú gāng zhōng hěn shòu huān yíng de chǒng wù
游弋，是家养鱼缸中很受欢迎的宠物。

háo bù wèi jù
毫不畏惧

suō yóu shí fēn xiān yàn hěn róng yì bào lù zì jǐ chéng wéi
蓑鲉十分鲜艳，很容易暴露自己，成为
dà yú de mù biāo kě shì tā men yě yǒu zì jǐ fáng dí de bàn
大鱼的目标。可是，它们也有自己防敌的办
fǎ yī dàn yù dào jìng dí tā jiù huì háo bù wèi jù de lù chū hán
法。一旦遇到劲敌，它就会毫不畏惧地露出含
yǒu dú yè de jiān cì xiàng duì fāng chōng cì lái xià pǎo dí rén
有毒液的尖刺，向对方冲刺，来吓跑敌人。

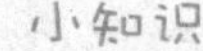

小知识

suō yóu dà duō qī xī
蓑鲉大多栖息
zài hóng hǎi yìn dù yáng tài
在红海、印度洋、太
píng yáng děng hǎi yù qiǎn hǎi de
平洋等海域浅海的
jiāo yán fù jìn
礁岩附近。

突然袭击

蓑鲉不善于游泳，它喜欢躲在礁缝中捕捉猎物。一旦发现爱吃的小鱼，便张开长长的鳍棘，然后悄悄靠近，等到接近猎物时，它就会突然张开大嘴，一口把猎物吞掉。

▲ 等待寻觅的蓑鲉

▲ 蓑鲉

尽职尽责

别看蓑鲉对敌人非常凶悍，对待自己的孩子却很负责。蓑鲉宝宝一旦遇到危险，就会向蓑鲉爸爸求救，并吸附在它们身上，蓑鲉爸爸会立刻带着孩子们，游向安全地带。

危险的观赏鱼

很多人喜欢饲养蓑鲉，但是如果不熟悉它的习性，这种鱼往往会成为使人丧命的动物。因为人如果被蓑鲉刺中，会出现局部麻痹、疼痛，重则瘫痪，甚至死亡。

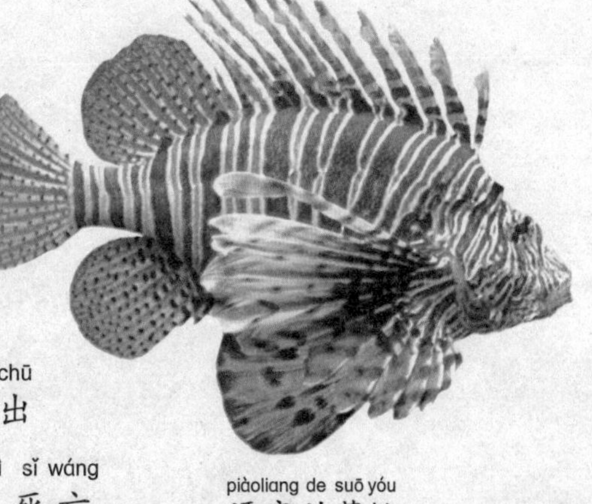

▲ 漂亮的蓑鲉

hú dié yú
蝴蝶鱼

hú dié yú zài shuǐzhōng zì zài de yóu lái yóu qù hǎo xiàng yī zhī měi lì de hú dié zài shuǐzhōng piān piān qǐ wǔ hú dié yú yě yīn cǐ dé míng hú dié yú de shēn tǐ biǎo miàn yǒu wǔ cǎi bīn fēn de tú àn tā men dà bù fen dōu shēnghuó zài rè dài dì qū de shān hú jiāo zhōng

蝴蝶鱼在水中自在地游来游去，好像一只美丽的蝴蝶在水中翩翩起舞，“蝴蝶鱼”也因此得名。蝴蝶鱼的身体表面有五彩缤纷的图案，它们大部分都生活在热带地区的珊瑚礁中。

duō cǎi de hú dié yú
▲ 多彩的蝴蝶鱼

yán sè huì shuōhuà
颜色会“说话”

hú dié yú zhōushēn wǔ cǎi bān lán tú àn biànhuà gè yì zhè kě bù shì wèi le chòuměi zhè shì tā menyòng lái shuōhuà de gōng jù tōngguò tǐ sè de biàn huà gào sù tā men de tóngbàn nǎ li yǒu shí wù nǎ li yǒu dí rén

蝴蝶鱼周身五彩斑斓，图案变化各异，这可不是为了臭美，这是它们用来“说话”的工具。通过体色的变化，告诉它们的同伴哪里有食物，哪里有敌人。

hú dié yú
▼ 蝴蝶鱼

huànróng shù 换容术

hú dié yú yàn lì de tǐ sè kě yǐ suí zhōu wéi huán jìng ér gǎi biàn tā men gǎi biàn yī cì tǐ sè xū yào jǐ fēn zhōng yǒu de shí jiān shèn zhì gèng duǎn
蝴蝶鱼艳丽的体色可以随周围环境而改变。它们改变一次体色需要几分钟，有的时间甚至更短。

rú guǒ yī zhī hú dié yú cóng shān hú cóng zhè biān jìn qù chū lái hòu kě néng jiù xiàng biàn chéng lìng wài yī tiáo yú le
如果一只蝴蝶鱼从珊瑚丛这边进去，出来后可能就像变成另外一条鱼了。

huì biànhuàn tǐ sè de hú dié yú
▲会变换体色的蝴蝶鱼

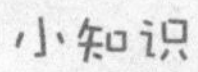

小知识

chángwěn hú dié yú yǒu yī gè cháng cháng jiān jiān de wěn bù kě yǐ shēn jìn xiá cháng de dòngzhōng mì shí
长吻蝴蝶鱼有一个长长尖尖的吻部，可以伸进狭长的洞中觅食。

nuò ruò běn xìng 懦弱本性

hú dié yú shēngxìng dǎn xiǎo xǐ huan jiāng zì jǐ yǐn cáng zài shān hú cóng zhōng rú guǒ bèi rén lèi sì yǎng zài shuǐ zú xiāng lǐ tā men dào shì huó de xiāo yáo zì zài dàn shì tā men xìng gé nuò ruò jìn shí shí wǎngwǎng zhēng bù guò qí tā yú lèi suǒ yǐ zhǔ rén zǒng shì huì duì tā men tè shū zhào gù
蝴蝶鱼生性胆小，喜欢将自己隐藏在珊瑚丛中。如果被人类饲养在水族箱里，它们倒是活得逍遥自在。但是它们性格懦弱，进食时往往争不过其他鱼类，所以主人总是会对它们特殊照顾。

xiǎo chǒu yú
小丑鱼

xiǎo chǒu yú xìng qíng wēn hé shì hǎi yáng zhōng kě ài de xiǎo jīng líng
小丑鱼性情温和，是海洋中可爱的小精灵。tā men shēn shang zhǎng zhe yàn lì de tiáo wén hǎo xiàng jīng jù zhōng de chǒu jué suǒ yǐ bèi chēng wéi xiǎo chǒu yú 它们身上长着艳丽的条纹，好像京剧中的丑角，所以被称为小丑鱼。xiǎo chǒu yú xǐ huan guò qún jū shēng huó cháng cháng jǐ shí zhī zǔ chéng yī gè dà jiā tíng yǒu zhǎng yòu zūn bēi zhī fēn 小丑鱼喜欢过群居生活，常常几十只组成一个大家庭，有长幼尊卑之分。

tiān rán bǎo hù sǎn
天然保护伞

hǎi kuí de chù shǒu yǒu dú dàn shì xiǎo chǒu yú què bù hài pà zhè shì yīn wèi xiǎo chǒu yú de tǐ biǎo yǒu yī céng bǎo hù nián yè néng dǐ kàng hǎi kuí de dú sù suǒ yǐ kě yǐ zài hǎi kuí zhōng zì yóu chū rù yī dàn yù dào wēi xiǎn xiǎo chǒu yú huì lì jí duǒ jìn hǎi kuí zhōng xún qiú bǎo hù
海葵的触手有毒，但是小丑鱼却不害怕。这是因为小丑鱼的体表有一层保护黏液，能抵抗海葵的毒素，所以可以在海葵中自由出入。一旦遇到危险，小丑鱼会立即躲进海葵中，寻求保护。

小知识

xiǎo chǒu yú sè cǎi měi lì jī hū suǒ yǒu sì yǎng hǎi shuǐ guān shǎng yú de rén dōu xǐ huan wèi yǎng tā
小丑鱼色彩美丽，几乎所有饲养海水观赏鱼的人都喜欢喂养它。

xiǎo chǒu yú
▼ 小丑鱼

bà qì shí zú
霸气十足

tōngcháng yī duì cí xióngxiǎochǒu yú zhàn jù yī gè hǎi kuí jù
通常，一对雌雄小丑鱼占据一个海葵，拒
jué qí tā tóng lèi jìn rù rú guǒ shì yī gè dà hǎi kuí tā men yě yǔn
绝其他同类进入。如果是一个大海葵，它们也允
xǔ yī xiē yòu yú jiā rù zài zhè gè dà jiā tíng lǐ cí yú tǐ gé zuì
许一些幼鱼加入。在这个大家庭里，雌鱼体格最
wéiqiángzhuàng dàn tā zhǐ ràngyòu yú zài hǎi kuí biānyuán de jiǎo luò lǐ huódòng
为强壮，但它只让幼鱼在海葵边缘的角落里活动。

piàoliang de xiǎochǒu yú
▲漂亮的小丑鱼

xìng bié zhuǎnhuàn
性别转换

xiǎochǒu yú zài chéngzhǎngguòchéngzhōngxìng bié huì fā
小丑鱼在成长过程中性别会发
shēngzhuǎnbiàn xióng yú huì zài jǐ xīng qī nèizhuǎnbiàn wéi cí
生转变。雄鱼会在几星期内转变为雌
yú rán hòu zàiyònggèngcháng de shí jiān lái gǎi biàn wài bù tè
鱼，然后再用更长的时间来改变外部特
zhēng bǐ rú tǐ sè zài qí yú de xióng yú zhōng huì yǒu
征，比如体色。在其余的雄鱼中，会有
yī zhī zuìqiángzhuàng de chéngwéi tā de pèi ǒu
一只最强壮的成为它的配偶。

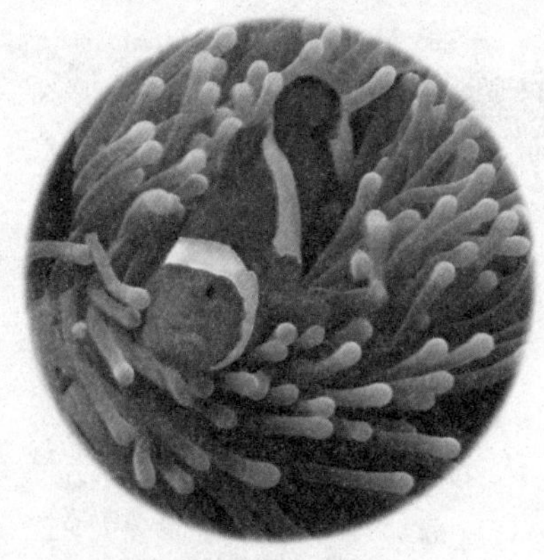

cáng zài hǎi kuí zhōng de xiǎochǒu yú
▲藏在海葵中的小丑鱼

hù qīn hù ài
互亲互爱

xiǎochǒu yú xǐ huanqún jū rú guǒ shuí fàn le cuò dà jiā dōu huì lěng luò tā dàn rú guǒ
小丑鱼喜欢群居，如果谁犯了错，大家都会冷落它。但如果
yǒu de yú shòu le shāng dà jiā yě huì yī tóngzhào gù xiǎochǒu yú jiù shì zhèyàng hù qīn hù ài
有的鱼受了伤，大家也会一同照顾。小丑鱼就是这样互亲互爱，
zì yóu zì zài de shēnghuó zài yī qǐ
自由自在地生活在一起。

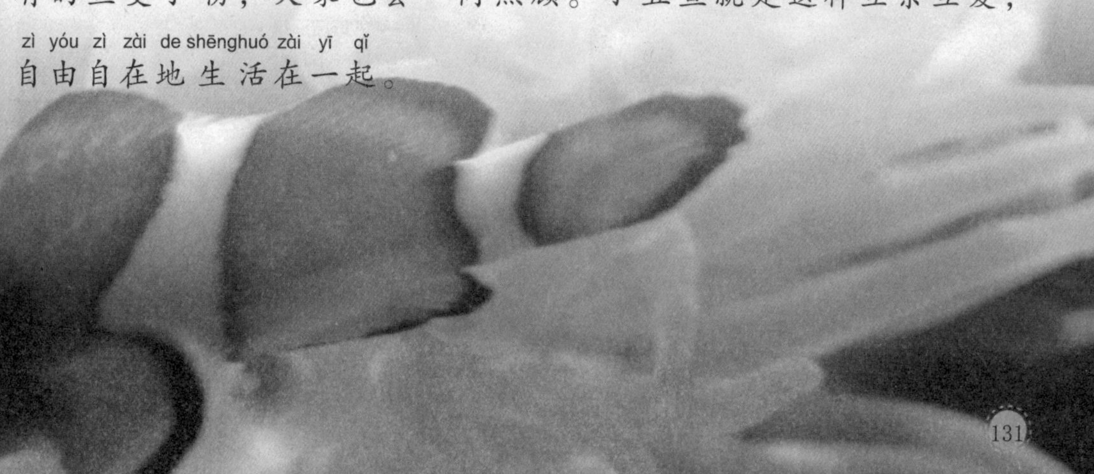

fēi yú
飞鱼

fēi yú yīn huì fēi ér dé míng shì shēng huó zài hǎi yáng shang
飞鱼因会“飞”而得名，是生活在海洋上
céng de yú lèi yě shì gè zhǒng xiōng měng yú lèi jìng xiāng bǔ shí de duì xiàng
层的鱼类，也是各种凶猛鱼类竞相捕食的对象。
zài wèi lán sè de hǎi miàn shang fēi yú yóu rú qún niǎo yī bān lüè guò hǎi kōng gāo gāo dī dī
在蔚蓝色的海面上，飞鱼犹如群鸟一般掠过海空，高高低低，
áo xiáng jìng fēi chéng wéi hǎi miàn shang yī dào měi lì de fēng jǐng
翱翔竞飞，成为海面上一道美丽的风景。

jiē mì fēi xíng
揭秘“飞行”

fēi yú qí shí bìng bù huì fēi hǎi yáng shēng wù xué jiā rèn wéi
飞鱼其实并不会飞。海洋生物学家认为，
fēi yú bìng bù qīng yì yuè chū shuǐ miàn tā men zhī suǒ yǐ yào fēi
飞鱼并不轻易跃出水面，它们之所以要“飞
xíng dà duō shì wèi le táo bì jīn qiāng yú shā yú děng dà xíng yú
行”，大多是为了逃避金枪鱼、鲨鱼等大型鱼
lèi de zhuī zhú huò shì shòu dào le lún chuán yǐn qíng zhèn dàng shēng de cì jī
类的追逐，或是受到了轮船引擎振荡声的刺激。

小知识

fēi yú zài kōng zhōng
飞鱼在空中
zuì cháng néng tíng liú duō
最长能停留40多
miǎo huá xiáng de zuì yuǎn jù
秒，滑翔的最远距
lí yǒu duō mǐ
离有400多米。

zài hǎi miàn shang fēi qǐ de fēi yú
▲在海面上飞起的飞鱼

zhǎng xiàng qí tè
长相奇特

fēi yú de zhǎng xiàng fēi cháng qí tè tā men de
飞鱼的长相非常奇特，它们的
shēn tǐ jìn sì yuán tǒng xíng xiōng qí tè bié fā dá
身体近似圆筒形，胸鳍特别发达，
xiàng niǎo lèi de chì bǎng yī yàng fēi yú cháng cháng de
像鸟类的翅膀一样。飞鱼长长的
xiōng qí yī zhí yán shēn dào wěi bù zhěng gè shēn tǐ kàn
胸鳍一直延伸到尾部，整个身体看
shàng qù jiù xiàng rén lèi zhī bù yòng de cháng suō
上去就像人类织布用的长梭。

fēi xíngzhōngsàngshēng
飞行中丧生

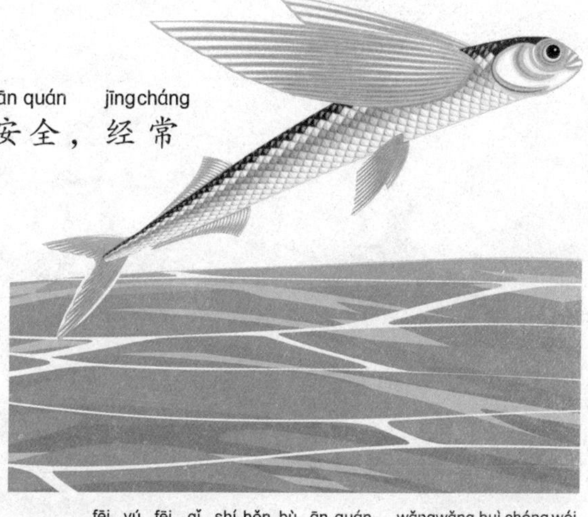

fēi yú zài kōngzhōng fēi xiáng shí bìng bù ān quán jīngcháng huì bèi kōngzhōng fēi xíng de hǎi niǎo bǔ huò yǒu shí yě huì luò dào hǎi dǎoshanghuò zhězhuàng zài jiāo shí shangsàngshēng wǎnshang tā men de shì lì fēi chángwēi ruò chángcháng huì diē luò dàohángxíngzhōng de lún chuán jiǎ bǎnshang

飞鱼在空中飞翔时并不安全，经常会被空中飞行的海鸟捕获，有时也会落到海岛上或者撞在礁石上丧生。晚上它们的视力非常微弱，常常会跌落到航行中的轮船甲板上。

fēi yú fēi qǐ shí hěn bù ān quán wǎngwǎng huì chéng wéi hǎi niǎo de shí wù
▲飞鱼飞起时很不安全，往往会成为海鸟的食物

kuài lè fēi xiáng
快乐飞翔

jiù suàn hǎi miànshang hǎi làng yǐ jīng yáohuàng de fēi cháng lì hai wǒ menréngnéngkàn dào dà qún de fēi yú zài dà hǎi shangtiào yuè fēi chí yě xǔ duì tā men lái shuō fēi xiángbiàn shì yī zhǒngkuài lè

就算海面上海浪已经摇晃得非常厉害，我们仍能看到大群的飞鱼在大海上跳跃飞驰。也许，对它们来说飞翔便是一种快乐。

yì zhǒnghěnshǎojiàn de fēi yú
▲一种很少见的飞鱼

qí yú
旗鱼

qí yú yòu chēng bā jiāo yú shì yī zhǒng xiōng měng de shí ròu yú lèi
旗鱼又称芭蕉鱼，是一种凶猛的食肉鱼类。
tā men yǎn yuán kǒu dà shàng wěn tū chū hǎo xiàng yī bǐng fēng lì de cháng
它们眼圆口大，上吻突出，好像一柄锋利的长
jiàn wěi bù chéng bā zì xíng yóu rú yī bǐng dà lián dāo bèi bù liǎng gè hù xiāng fēn lí
剑；尾部呈“八”字形，犹如一柄大镰刀；背部两个互相分离
de bèi qí yòu xiàng yī miàn yíng fēng zhāo zhǎn de dà qí
的背鳍，又像一面迎风招展的大旗。

yóu yǒng guàn jūn
游泳冠军

qí yú de yóu yǒng sù dù fēi cháng kuài lìng hěn duō yú lèi wàng
旗鱼的游泳速度非常快，令很多鱼类望
chén mò jí tā men de duǎn jù lí sù dù kě dá měi xiǎo shí
尘莫及。它们的短距离速度可达每小时 110
qiān mǐ yóu yǒng shí jiù xiàng lí xián de jiàn nà yàng fēi sù de qián jìn
千米，游泳时就像离弦的箭那样飞速地前进，
shì hǎi yáng zhōng dāng zhī wú kuì de yóu yǒng guàn jūn
是海洋中当之无愧的“游泳冠军”。

小知识

cí xióng qí yú hěn
雌雄旗鱼很
róng yì qū fēn shēng zhí qī
容易区分，生殖期
xióng yú tǐ sè yàn lì cí
雄鱼体色艳丽，雌
yú tǐ sè bǐ jiào àn dàn
鱼体色比较黯淡。

qí yú zài hǎi miàn shang huó dòng
◀ 旗鱼在海面上活动

qí yú
▲旗鱼

水中战舰

旗鱼有前后两个背鳍，当它们在水中快速游动时，会放下前面的背鳍，用长剑般的吻将水面向两旁分开，同时不断地摆动尾鳍，箭一般地飞速前进，就像海面上行驶的战舰。

肆意冲刺

旗鱼喜欢将旗状背鳍露出水面，四方巡游。当它们发现猎物时，就会将锋利的剑式长吻冲入鱼群，东捅西戳，一会儿便将海面搅得鲜血翻滚，鱼尸漂浮，这时它就可以饱餐一顿了。

攻击力强

旗鱼的攻击力特别强，不但能攻击大型鲸，就连人类的船只也不放在眼里。据记载，第二次世界大战后期，一艘满载石油的轮船就曾遭到旗鱼的攻击。

qí yú
▲旗鱼

jiàn yú
剑鱼

jiàn yú huò chēng jiàn qí yú fēn bù yú quán qiú de rè dài hé wēn dài hǎi
剑鱼，或称剑旗鱼，分布于全球的热带和温带海
yù shì yī zhǒng dà xíng de lüè shí xìng yú lèi jiàn yú hé qí yú zhǎng de fēi cháng
域，是一种大型的掠食性鱼类。剑鱼和旗鱼长得非常
xiàng dàn wěn bù shì píng biǎn de jiàn zhuàng ér qiě bǐ qí yú de yào cháng tā quán cháng kě chāo guò
像，但吻部是平扁的剑状，而且比旗鱼的要长。它全长可超过
mǐ tǐ zhòng kě dá qiān kè
5米，体重可达500千克。

dà xíng yú lèi
大型鱼类

jiàn yú de shàng hé yòu jiān yòu cháng xiàng yī bǎ fēng lì de bǎo
剑鱼的上颌又尖又长，像一把锋利的宝
jiàn zhí shēn xiàng qián tā de shēn tǐ xiàng yī gè líng xíng bèi bù shēn
剑，直伸向前。它的身体像一个菱形，背部深
hè sè fù bù yín huī sè cháng mǐ mǐ zuì cháng kě dá
褐色，腹部银灰色，长4米~5米，最长可达6
mǐ tǐ zhòng yuē duō qiān kè shì dà xíng xiōng měng yú lèi zhī yī
米，体重约300多千克，是大型凶猛鱼类之一。

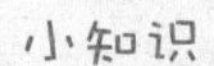

小知识

jiàn yú shēng huó zài rè dài hé yà rè dài dà yáng de shàng céng yī bān zài shuǐ biǎo céng huí yóu
剑鱼生活在热带和亚热带大洋的上层，一般在水表层洄游。

jiàn yú shàng hé
▲剑鱼上颌

xiōng měng hào dòu
凶猛好斗

jiàn yú xìng qíng xiōng měng hào dòu xǐ huan chī wū zéi hé yú lèi tā men kě yǐ qián rù shuǐ zhōng
剑鱼性情凶猛好斗，喜欢吃乌贼和鱼类。它们可以潜入水中
yuē mǐ chù zhuī bǔ yú qún hé qí tā shuǐ shēng dòng wù bǔ shí shí tā huì měng lì chōng jī
约800米处，追捕鱼群和其他水生动物。捕食时，它会猛力冲击
yú qún yòng bǎo jiàn cì shā rán hòu zài jìn xíng tūn shí
鱼群，用“宝剑”刺杀，然后再进行吞食。

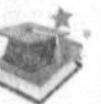

pī shuǐ qián jìn
劈水前进

rén men cān guān jiàn yú
▲人们参观剑鱼

jiàn yú tǐ xíng páng dà yóu dòng shí cháng cháng jiāng
剑鱼体型庞大，游动时，常常将
tóu hé bèi qí lù chū shuǐ miàn yòng bǎo jiàn bān de shàng hé
头和背鳍露出水面，用宝剑般的上颌
pī shuǐ qián jìn sù dù fēi cháng kuài měi xiǎo shí kě dá
劈水前进，速度非常快，每小时可达
qiān mǐ wéi yī bān huǒ chē sù dù de bèi zuǒ yòu
100千米，为一般火车速度的2倍左右，
shì hǎi zhōng yóu sù zuì gāo de yú lèi zhī yī
是海中游速最高的鱼类之一。

bù gù yī qiè
不顾一切

jiàn yú cháng cháng huì bì kāi qí tā dà xíng yú lèi bù guò tā yī dàn bèi jī nù jiù huì
剑鱼常常会避开其他大型鱼类，不过它一旦被激怒，就会
xiàng dà xíng yú lèi huò chuán zhī měng liè chōng qù jù shuō zài guó wài mǒu yán hǎi bó wù guǎn lǐ zhì
向大型鱼类或船只猛烈冲去。据说在国外某沿海博物馆里，至
jīn hái chén liè zhe yī kuài xiǎo chuán de mù bǎn lǐ miàn jiù yǒu zhé duàn de jiàn yú de hé gǔ
今还陈列着一块小船的木板，里面就有折断的剑鱼的颌骨。

jiàn yú de wěn bù xiàng jiàn yī yàng
剑鱼的吻部像剑一样

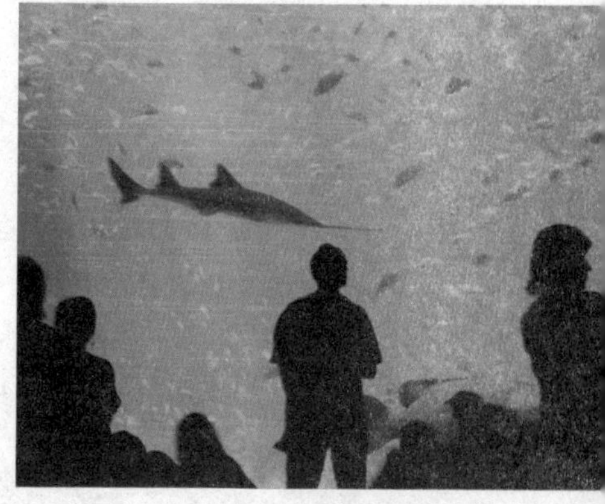

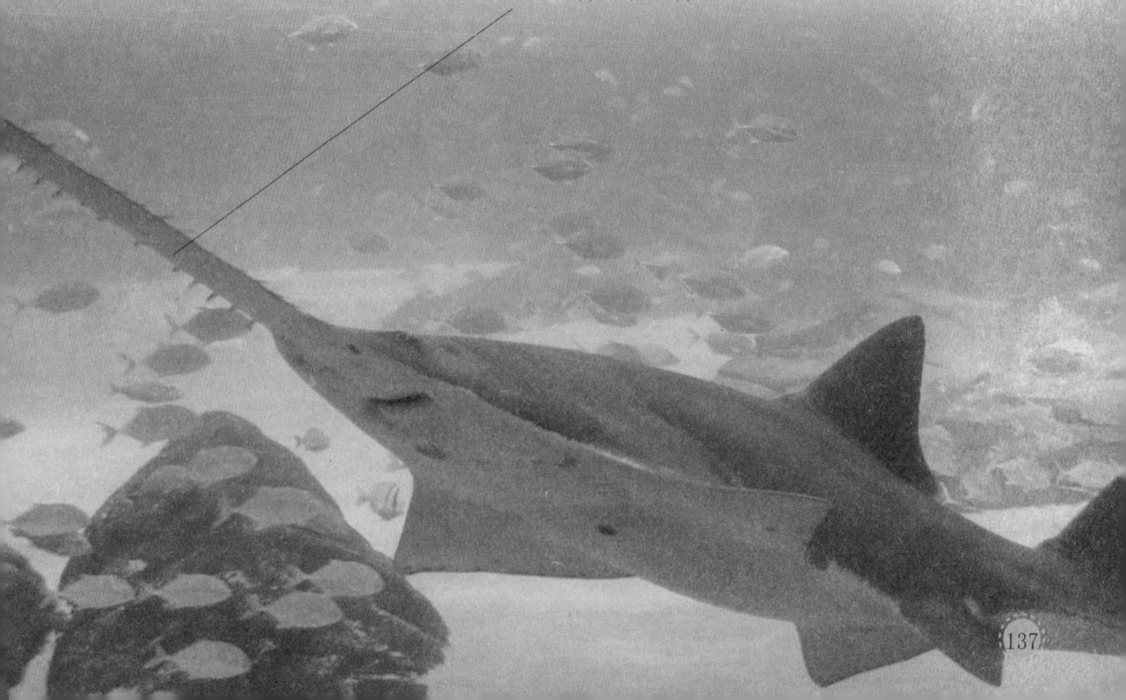

bǐ mù yú
比目鱼

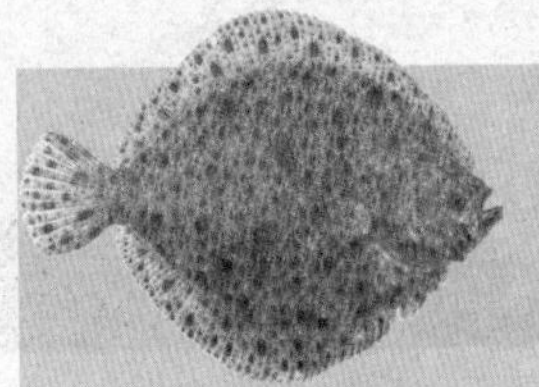

bǐ mù yú shì hǎi yángzhōng zuì qí tè zuì lìng lèi de yú
比目鱼是海洋中最奇特、最“另类”的鱼，
yīn wèi tā men bù dàn tǐ xíng biǎn píng ér qiě liǎng zhī yǎn jing dōu zhǎng zài
因为它们不但体形扁平，而且两只眼睛都长在
shēn tǐ de yī cè zài shuǐzhōng yóu dòng shí bǐ mù yú bù xiàng qí tā yú lèi nà yàng ér shì
身体的一侧。在水中游动时，比目鱼不像其他鱼类那样，而是
yǒu yǎn jing de yī cè xiàngshàng tǎng zhe yóu yǒng tè bié yǒu qù
有眼睛的一侧向上，躺着游泳，特别有趣。

dà jiā zú
大家族

bǐ mù yú shì yī gè dà jiā zú tā men zài gè dì de jiào fǎ yě bù tóng cū guǎng de běi
比目鱼是一个大家族，它们在各地的叫法也不同，粗犷的北
fāng rén gēn jù tā men de wài xíng tè zhēng gěi le tā men yī gè shí huì de míng zi piān kǒu yú
方人根据它们的外形特征给了它们一个实惠的名字“偏口鱼”，
xì nì de jiāngzhè rén jiào le yī gè wén yǎ de míng zi bǐ mù yú
细腻的江浙人叫了一个文雅的名字“比目鱼”。

bái sè de bǐ mù yú
▲ 白色的比目鱼

yǎn jīng bān jiā
眼睛搬家

gāngchūshēng shí bǐ mù yú yǔ pǔ
刚出生时，比目鱼与普
tōng yú lèi yī yàng yǎn jingzhǎng zài tóu bù
通鱼类一样，眼睛长在头部
liǎng cè dà yuē tiān hòu zhǎngdào
两侧。大约20天后，长到1
lí mǐ cháng shí yī cè de yǎn jing jiù kāi
厘米长时，一侧的眼睛就开
shǐ bān jiā zhú jiàn yí dòngdào duì miàn de
始搬家，逐渐移动到对面的
yī biān zhí dào gēn lìng yī zhī yǎn jing jiē jìn
一边，直到跟另一只眼睛接近。

ruǎn tóu gǔ
软头骨

bǐ mù yú de tóu gǔ shì yóu ruǎn gǔ gòuchéng de
比目鱼的头骨是由软骨构成的，dāng tā de yǎn jing kāi shǐ yí dòng shí liǎng yǎn jiān de ruǎn gǔ
当它的眼睛开始移动时，两眼间的软骨 xiān bèi shēn tǐ xī shōu zhèyàng yǎn jing de yí dòng jiù méi yǒu
先被身体吸收。这样，眼睛的移动就没有 rèn hé zhàng ài le
任何障碍了。

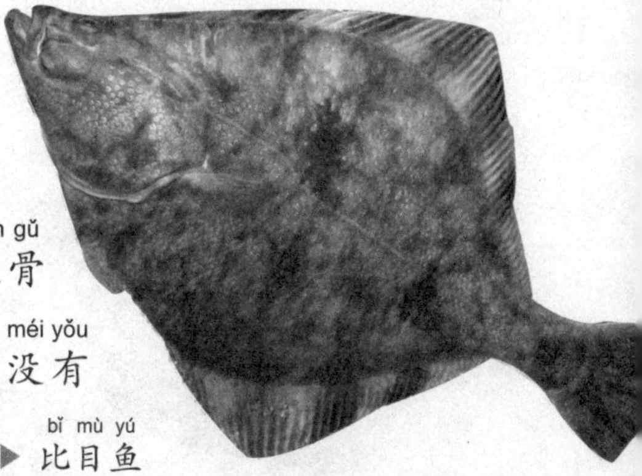

bǐ mù yú
▶比目鱼

mái fú gāoshǒu
埋伏高手

bǐ mù yú bù xǐ huanyóudòng xǐ huanpíng wò zài hǎi dǐ zài
比目鱼不喜欢游动，喜欢平卧在海底，在 shēn tǐ shang fù gài yī céngshā zi biànchéng le hé zhōuwéi ní shā yī
身体上覆盖一层沙子，变成了和周围泥沙一 yàng de shēn sè zhǐ lù chū liǎng zhī yǎn jing yǐ děng dài liè wù de dào
样的深色，只露出两只眼睛以等待猎物的到 lái kàn lái zhè jiù shì liǎng zhī yǎn jing zhǎng zài yī cè de hǎo chù
来。看来，这就是两只眼睛长在一侧的好处。

小知识

yī bān lái shuō yǎn
一般来说，眼 bí dōu shēng zài zuǒ biān de
鼻都生在左边的 bǐ mù yú jiào píng dōu shēng
比目鱼叫鲆，都生 zài yòu biān de jiào dié
在右边的叫鲽。

mái fú de bǐ mù yú
▼埋伏的比目鱼

shí bān yú

石斑鱼

shí bān yú yě jiào zuò kuài yú shì ròu shí xìng yú
石斑鱼，也叫做鲙鱼，是肉食性鱼
lèi xìng qíng xiōng měng yǒu shí wèi le zhēng duó dì pán hé liè
类，性情凶猛，有时为了争夺地盘和猎
wù tóng lèi jiān huì dà dǎ chū shǒu hù xiāng cán shā bǔ shí shí tā xǐ huan tū rán xí jī
物，同类间会大打出手，互相残杀。捕食时，它喜欢突然袭击，
zhǔ yào yǐ xiā xiè děng jiǎ ké lèi wéi shí yě chī yú lèi hé ruǎn tǐ dòng wù
主要以虾、蟹等甲壳类为食，也吃鱼类和软体动物。

tǐ xíng páng dà

体型庞大

shí bān yú tǐ xíng xiāng dāng dà bù shì hé cháng tú
石斑鱼体型相当大，不适合长途
yóu yǒng tā men shēn cháng kě dá mǐ yǐ shàng tǐ zhòng
游泳。它们身长可达1米以上，体重
chāo guò qiān kè yě bù zú wéi qí bù guò shí bān yú
超过100千克也不足为奇。不过石斑鱼
de zhǒng lèi hěn duō tǐ xíng dà xiǎo yě gè yǒu chā bié
的种类很多，体型大小也各有差别。

shí bān yú shēn shang yǒu hěn duō bān diǎn
▲石斑鱼身上有很多斑点

cáng zài dòng xué lǐ miàn de shí bān yú
▲藏在洞穴里面的石斑鱼

xiōng cán chéng xìng

凶残成性

shí bān yú yī bān bù chéng qún shì yī zhǒng yán
石斑鱼一般不成群，是一种沿
hǎi nuǎn shuǐ xìng zhōng xià céng yú lèi xǐ huan qī xī zài
海暖水性中下层鱼类，喜欢栖息在
yán jiāo dì dài hǎi dǐ dòng xué yǐ jí yǒu kòng xì de shān
岩礁地带、海底洞穴以及有空隙的珊
hú jiāo lǐ shí bān yú fēi cháng xiōng cán yǒu shí shèn
瑚礁里。石斑鱼非常凶残，有时甚
zhì huì tūn shí yòu xiǎo de shí bān yú
至会吞食幼小的石斑鱼。

tūn shí liè wù
吞食猎物

shí bān yú
▲ 石斑鱼

shí bān yú bǔ shí shí huì bǎ liè wù yī kǒu
石斑鱼捕食时，会把猎物一口
tūn xià qù ér bù huì yòng kǒu bǎ liè wù zhú piàn sī
吞下去，而不会用口把猎物逐片撕
kāi zhè shì yīn wèi tā men è shang de yá chǐ hěn shǎo
开。这是因为它们颚上的牙齿很少，
kě shì zài yān tóu lǐ de yá bǎn què kě yǐ niǎn suì shí wù
可是在咽头里的牙板却可以碾碎食物。
tā men xí guàn děng dài liè wù kào jìn ér bù huì zài shuǐ zhōng zhuī zhú
它们习惯等待猎物靠近，而不会在水中追逐。

小知识

yī xiē tǐ xíng xiǎo de
一些体型小的
shí bān yú zhǒng huì bèi yǎng
石斑鱼种会被养
zài shuǐ zú guǎn lǐ tā men
在水族馆里，它们
de shēng zhǎng sù dù hěn kuài
的生长速度很快。

shuāng xìng bié
双性别

shí bān yú shì cí xióng tóng tǐ yě jiù shì shuō tā shì shuāng xìng
石斑鱼是雌雄同体，也就是说它是双性
bié dàn shì tā de xìng bié zhōng tú huì fā shēng zhuǎn biàn yī bān
别。但是它的性别中途会发生转变，一般
shì xiān cí xìng dì èr nián zài zhuǎn huàn chéng xióng xìng měi nián cóng
是先雌性，第二年再转换成雄性。每年从
yuè qǐ shí bān yú kāi shǐ chǎn luǎn fū huà hòu de yòu yú shēng
3月起，石斑鱼开始产卵。孵化后的幼鱼生
zhǎng fēi cháng xùn sù
长非常迅速。

shí bān yú
▼ 石斑鱼

fān chē yú
翻车鱼

fān chē yú zhǎng de hěn lí qí cóng zhèng miàn lái kàn tā xiàng shā yú cóng
翻车鱼长得很离奇，从正面来看它像鲨鱼，从
cè miàn kàn tā de shēn tǐ yòu yuán yòu biǎn xiàng gè dà dié zi tā men gè tóu
侧面看，它的身体又圆又扁，像个大碟子。它们个头
hěn dà zuì dà de tǐ cháng kě dá mǐ mǐ yǒu qù de shì zhè me dà de yú què zhǎng
很大，最大的体长可达3米~5米。有趣的是，这么大的鱼却长
zhe yīng táo shì de xiǎo zuǐ kàn lái hěn bù xiāng chèn
着樱桃似的小嘴，看来很不相称。

yuè liang yú
月亮鱼

fān chē yú shēng huó zài rè dài hǎi yù zhōng shēn tǐ zhōu wéi cháng cháng fù zhuó xǔ duō fā guāng dòng
翻车鱼生活在热带海域中，身体周围常常附着许多发光动
wù fān chē yú yī yóu dòng fù zhuó zài shēn shang de dòng wù biàn huì fā chū míng liàng de guāng yuǎn
物。翻车鱼一游动，附着在身上的动物便会发出明亮的光，远
yuǎn kàn qù xiàng yī lún míng yuè suǒ yǐ fān chē yú yǒu yuè
远看去像一轮明月，所以翻车鱼有“月
liang yú de měi chēng
亮鱼”的美称。

hǎi lǐ de fān chē yú
▲海里的翻车鱼

bú shàn yóu yǒng
不善游泳

fān chē yú suī rán tǐ xíng páng dà liǎng qí néng hé xié
翻车鱼虽然体型庞大，两鳍能和谐
de jiāo tì shǐ yòng tuī dòng zì jǐ qián jìn dàn shì tā shēn
地交替使用，推动自己前进。但是它身
hòu de wěi ba duì yóu dòng jī hū háo wú yòng chù zhǐ néng xiàng
后的尾巴对游动几乎毫无用处，只能像
duò yī yàng qǐ dào píng héng de zuò yòng suǒ yǐ fān chē yú de
舵一样起到平衡的作用，所以翻车鱼的
yóu yǒng shuǐ píng shí zài bù gǎn gōng wei
游泳水平实在不敢恭维。

shēng yù lì hěnqiáng
生育力很强

fān chē yú jì bènzhuō yòu bù shàn yú yóu
翻车鱼既笨拙又不善于游
yǒng chángchángchéngwéi hǎi yángzhōng qí tā yú
泳，常常成为海洋中其它鱼
lèi hǎi shòu de shí wù dàn shì tā men què
类、海兽的食物。但是，它们却
jù yǒuqiáng dà de shēng zhí lì yī tiáo cí yú
具有强大的生殖力，一条雌鱼
yī cì kě chǎn yì gè luǎn zài hǎi yángzhōng
一次可产3亿个卵，在海洋中
kānchēng shì zuì huì shēng hái zi de yú mā ma
堪称是最会生孩子的鱼妈妈。

yōu xián de shēnghuó
悠闲的生活

fān chē yú shēnghuó zài wēn dài hé rè dài hǎi
翻车鱼生活在温带和热带海
yù tā men zuì xǐ huan chī shuǐ mǔ chī de shí
域，它们最喜欢吃水母，吃的时
hou tā huì yòng wēi xiǎo de zuǐ ba jiāng shí wù chǎn
候，它会用微小的嘴巴将食物铲
qǐ rán hòu jìn xíng yī dùn bǎo cān zài yáng
起，然后进行一顿饱餐。在阳
guāngchōng zú de hǎi miànshang tā menchángcháng
光充足的海面上，它们常常
huì yuè chū shuǐmiàn shàishài tài yáng
会跃出水面，晒晒太阳。

fān chē yú
▲ 翻车鱼

小知识

fān chē yú de yú pí
翻车鱼的鱼皮
fēi cháng hòu kě dá lí
非常厚，可达15厘
mǐ yóu chóu mì gǔ gǔ xiān
米，由稠密骨股纤
wéi gòu chéng
维构成。

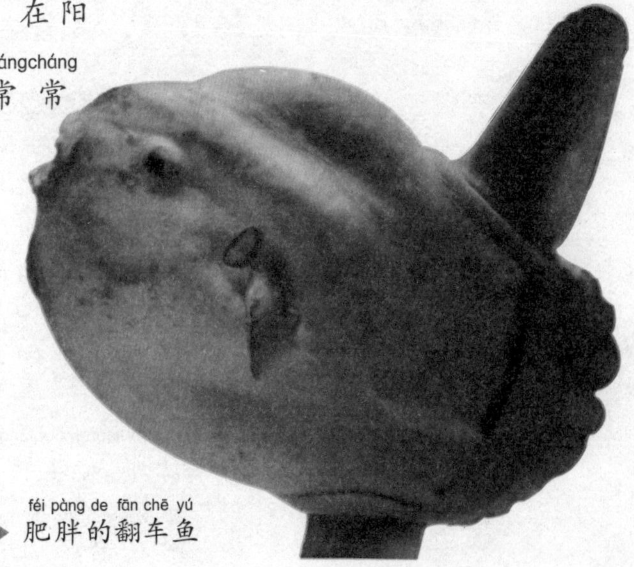

féi pàng de fān chē yú
▶ 肥胖的翻车鱼

xiāng tún
箱鲀

xiāng tún de tóu bù jī hū zhàn jù le tǐ cháng de yī bàn kàn shàng qù
箱鲀的头部几乎占据了体长的一半，看上去
jiù xiàng yī zhī shí fēn qí yì de xiǎo xiāng zi tā men zhǐ yǒu qí kǒu hé yǎn
就像一只十分奇异的小箱子。它们只有鳍、口和眼
jing kě yǐ dòng qí tā dì fang dōu wéi yìng lín suǒ pī fù suǒ yǐ wán quán kào qí zài shuǐ zhōng màn
睛可以动，其他地方都为硬鳞所披覆，所以完全靠鳍在水中慢
màn de yóu hěn xiàng zhí shēng jī zài shuǐ zhōng yóu dòng
慢地游，很像直升机在水中游动。

hǎi lǐ de xiǎo xiāng zǐ
海里的“小箱子”

xiāng tún de shēn tǐ yǒu léng jiǎo yóu yǒng zī tài shí fēn yǒu qù
箱鲀的身体有棱角，游泳姿态十分有趣。
bù guò yòu xiǎo de xiāng tún sè zé xiān yàn shēn tǐ de léng jiǎo bìng
不过，幼小的箱鲀色泽鲜艳，身体的棱角并
bù tài míng xiǎn shāo wēi dà diǎn de xiāng tún shēn tǐ sè cǎi huì zhú jiàn
不太明显。稍微大点的箱鲀身体色彩会逐渐
biàn de róu hé léng jiǎo yě jiù gèng xiān míng le yuè lái yuè xiàng yī
变得柔和，棱角也就更鲜明了，越来越像一
zhī xiǎo xiāng zi
只小箱子。

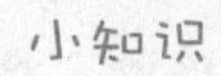

小知识

jiǎo xiāng tún é tóu hé wěi ba chù gè zhǎng yǒu liǎng gēn jiān jiān de jiǎo zhè gèng róng yì xià zǒu dí rén
角箱鲀额头和尾巴处各长有两根尖尖的角，这更容易吓走敌人。

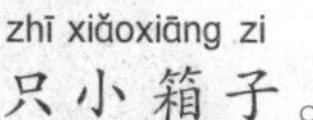

tè shū chéng yuán
特殊成员

xiāng tún shì tún lèi hǎi yáng dòng wù zhōng bǐ jiào tè shū
箱鲀是鲀类海洋动物中比较特殊
de chéng yuán tā men de shēn tǐ bù néng zì yóu zhàng dà huò
的成员。它们的身体不能自由胀大或
wān qū sāi gài yě wú fǎ huó dòng zhǐ néng zhāng kāi zuǐ
弯曲，鳃盖也无法活动，只能张开嘴
ràng shuǐ cóng kǒu qiāng liú rù sāi bù rán hòu yòng zuǐ bǔ shí
让水从口腔流入鳃部，然后用嘴捕食
fù zài yán shí shang de xiǎo xíng dòng wù
附在岩石上的小型动物。

xiāng tún
▲ 箱鲀

jué huó er
绝活儿

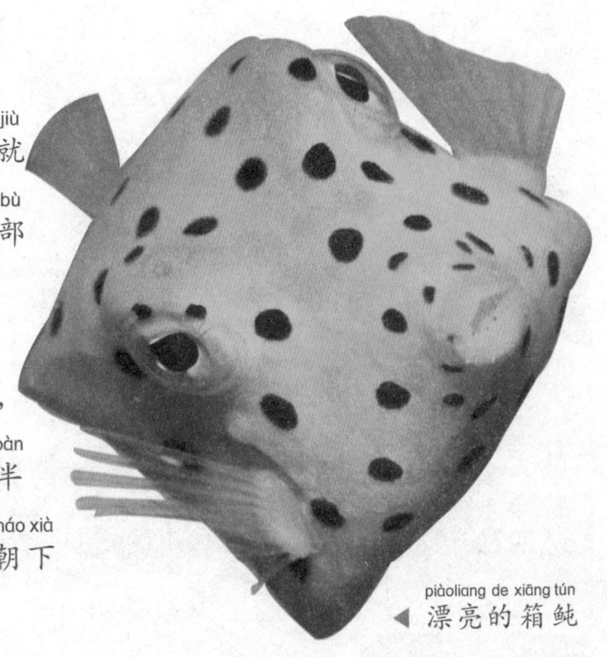

piàoliang de xiāng tún
漂亮的箱鲀

xiāng tún yǒu yī xiàng jué huó er jiù shì zài shuǐ zhōng dào lì tā men de tóu bù fēi cháng dà yóu qí shì xiǎo xiāng tún shēn tǐ de zhòng xīn míng xiǎn wǎng qián yí zài jiā shàng tā de yú biào zhǎng zài hòu bàn bù yīn cǐ tā men cháng cháng chéng tóu cháo xià wěi cháo shàng de dào lì zī shì

箱鲀有一项绝活儿，就是在水中倒立。它们的头部非常大，尤其是小箱鲀，身体的重心明显往前移，再加上它的鱼鳔长在后半部，因此它们常常呈头朝下尾朝上的倒立姿势。

xiǎo xīn dú yè
小心毒液

nǐ kě qiān wàn bù yào bèi xiāng tún piàoliang de wài biǎo mí huò le tā men shēn shang xiān yàn de sè cǎi wǎng wǎng shì wēi xiǎn de jǐng gào xiāng tún chú le zì shēn yīn jiān yìng de gǔ bǎn kě yǐ dǐ yù dí hài wài hái huì fēn mì yī zhǒng dú xìng nián yè shuí rú guǒ yǎo tā yī kǒu má fan kě jiù dà le

你可千万不要被箱鲀漂亮的外表迷惑了，它们身上鲜艳的色彩往往是危险的警告。箱鲀除了自身因坚硬的骨板可以抵御敌害外，还会分泌一种毒性黏液，谁如果咬它一口，麻烦可就大了。

xiāng tún
箱鲀

dà mǎ hā yú
大马哈鱼

dà mǎ hā yú yòu jiào guī yú zhè zhǒng yú yī shēng fēi cháng
大马哈鱼，又叫鲑鱼，这种鱼一生非常
chuán qí tā men yuán běn chū shēng zài hé lǐ rán hòu yóu dào dà hǎi
传奇。它们原本出生在河里，然后游到大海
lǐ qù chéng zhǎng dàn shì wú lùn lí kāi chū shēng dì duō yuǎn yī dào fán zhí qī tā men yě yào
里去成长。但是无论离开出生地多远，一到繁殖期，它们也要
fǎn huí gù xiāng bìng qiě zài nà li yǎng ér yù nǚ zhí zhì sǐ wáng
返回故乡，并且在那里养儿育女，直至死亡。

hé zhōng zhī wáng
“河中之王”

dà xī yáng dà mǎ hā yú shēng huó zài běi bàn qiú de hǎi yù lǐ tōng cháng bèi jiào zuò hé
大西洋大马哈鱼生活在北半球的海域里，通常被叫做“河
zhōng zhī wáng tā dìng qī jìn rù ōu zhōu hé běi měi de hé liú zhōng hé tài píng yáng dà mǎ hā yú
中之王”。它定期进入欧洲和北美的河流中，和太平洋大马哈鱼
shì jìn qīn
是近亲。

hé zhōng de guī yú
▲河中的鲑鱼

tiào de zuì gāo
跳得最高

dà mǎ hā yú zài yóu huí hé liú de guò chéng zhōng wǎng wǎng bù jìn shí tā nì liú ér shàng
大马哈鱼在游回河流的过程中，往往不进食，它逆流而上，
jīng cháng huì yuè chū shuǐ miàn mǐ duō gāo cóng jiāng hé de dī tān yuè shàng gāo tān yīn cǐ tā yě
经常会跃出水面4米多高，从江河的低滩跃上高滩，因此，它也
shì tiào de zuì gāo de yú lèi
是跳得最高的鱼类。

chōng zú zhǔn bèi
充足准备

xiǎo dà mǎ hā yú zài hé kǒu shēng huó qī jiān huì zì jué de xué xí yóu
小大马哈鱼在河口生活期间会自觉地学习游
yǒng jì qiǎo tā men zài tuì cháo shí yóu xiàng dà hǎi zài mǎn cháo shí yóu xiàng
泳技巧，它们在退潮时游向大海，在满潮时游向
hé chuān wèi jǐ nián hòu de huí yóu zuò hǎo chōng zú de zhǔn bèi
河川，为几年后的洄游做好充足的准备。

líng mǐn de xiù jué
灵敏的嗅觉

dà mǎ hā yú kào xiù jué hé wèi jué zǐ xì biàn bié hé shuǐ de wèi
大马哈鱼靠嗅觉和味觉仔细辨别河水的味
dào zài chǎn luǎn jì jié lái lín shí tā men néng zhǔn què de zhǎo dào zì
道，在产卵季节来临时，它们能准确地找到自
jǐ de chū shēng dì gù xiāng de tǔ rǎng zhí wù hé dòng wù tè yǒu de
己的出生地。故乡的土壤、植物和动物特有的
qì wèi róng jiě zài hé shuǐ zhī zhōng hòu dōu huì chéng wéi tā huí guī shí
气味溶解在河水之中后，都会成为它回归时
de lù biāo
的“路标”。

guī yú
▲ 鲑鱼

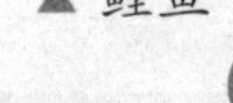

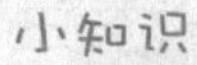

小知识

wèi le qù chǎn luǎn
为了去产卵，
tài píng yáng de mǒu xiē dà mǎ
太平洋的某些大马
hā yú yào cháng tú bá shè
哈鱼要长途跋涉
wàn qiān mǐ de jù lí
1.6万千米的距离。

cóng shuǐ zhōng tiào chū de guī yú
▶ 从水中跳出的鲑鱼

海洋爬行动物

海洋爬行动物是地球上最古老的动物之一。大约在 2 亿年前,爬行类动物出现了。它们主要生活在北半球暖温带温暖的海洋里。在夏秋季节,当海水温度升高的时候，我们会偶尔在海边发现它们的踪迹。

海龟

海龟是一种生活在海洋里的龟类，它们长着长长的前肢，所以特别擅长游泳。海龟除了产卵，很少上岸。到了产卵季节，海龟会一批批游上岸来，一夜可达上千只，海滩上到处都是它们的影子。

尖锐的牙齿

海龟体形庞大，到岸上行动时很不灵活。它尖锐的“牙齿”长在食道里。实际上，这并不是真正的牙齿，而往往是一些较大的刺，这些刺可用来防止猎物逃跑。

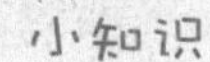

小知识

海龟最独特的地方就是龟壳，可以保护海龟不受侵犯，自由游动。

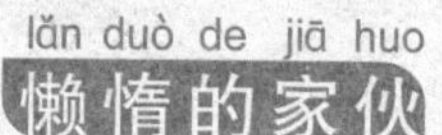

懒惰的家伙

海龟是一种很懒惰的动物。它们可以待在水里一动不动，有时竟能让一些植物在它背上生根，发芽，甚至结果。不过，这些植物也为它们披上了一层天然的伪装，能帮助它们逃离危险。

▲海龟

shàng àn fū huà
上岸孵化

zhǔn bèi shàng àn de hǎi guī
▲准备上岸的海龟

hǎi guī suī rán shēng huó zài hǎi lǐ dàn tā men méi yǒu sāi bù néng zài shuǐ zhōng hū xī lìng wài hǎi shuǐ wēn dù bǐ jiào dī dàn bù néng zài hǎi shuǐ zhōng fū huà suǒ yǐ xiǎo hǎi guī zǒng shì zài shā tān shang pò ké ér chū rán hòu zài huí dào dà hǎi zhōng qù shēnghuó

海龟虽然生活在海里，但它们没有鳃，不能在水中呼吸。另外海水温度比较低，蛋不能在海水中孵化。所以小海龟总是在沙滩上破壳而出，然后再回到大海中去生活。

hǎi guī chǎnluǎn
海龟产卵

hǎi guī zài xià jì chǎnluǎn cí hǎi guī bǎ luǎnchǎn zài lù dì shang de shā shí zhōnghuò kū yè duī lǐ jiè zhù tài yángguāng rè huò luò yè fǔ huà shí chǎnshēng de rè lái fū huà tā men yī cì néng chǎn jǐ bǎi méi luǎn dàn dào zuì hòunénggòu huó xià lái de xiǎo hǎi guī shùliàngquèbìng bù duō

海龟在夏季产卵。雌海龟把卵产在陆地上的沙石中或枯叶堆里，借助太阳光热或落叶腐化时产生的热来孵化。它们一次能产几百枚卵，但到最后能够活下来的小海龟数量却并不多。

hǎi yáng lǐ de hǎi guī
▼海洋里的海龟

dài mào
玳瑁

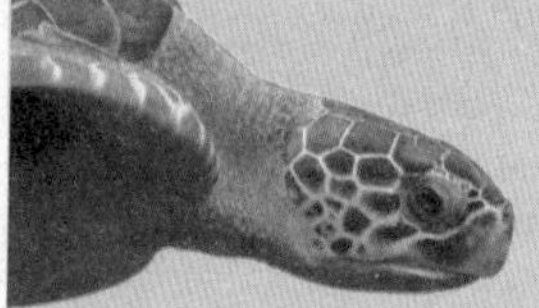

dài mào shì yī zhǒng hǎi guī yī bān cháng yuē mǐ dà diǎn de yuē dá mǐ tā men zhǎng de xiàng guī wěi ba duǎn duǎn de cháng cháng suō zài ké lǐ bié kàn tā men kàn shàng qù hěn màn xìng zi què fēi cháng bào zào yú ruǎn tǐ dòng wù hé hǎi zǎo děng dōu shì tā men xǐ huan de shí wù

玳瑁是一种海龟，一般长约0.6米，大点的约达1米。它们长得像龟，尾巴短短的，常常缩在壳里。别看它们看上去很慢，性子却非常暴躁，鱼、软体动物和海藻等都是它们喜欢的食物。

dú yī wú èr
独一无二

zài suǒ yǒu de hǎi guī zhōng dài mào shì yǐ zhī wéi yī yī zhǒng zhǔ yào yǐ ruǎn tǐ dòng wù wéi shí de pá xíng dòng wù yóu yú tā guò yú dú tè yǒu fēn xī rèn wéi tā men hěn kě néng shì yóu ròu shí xìng wù zhǒng jìn huà ér lái ér bù shì yóu cǎo shí xìng wù zhǒng jìn huà ér lái

在所有的海龟中，玳瑁是已知唯一一种主要以软体动物为食的爬行动物。由于它过于独特，有分析认为，它们很可能是由肉食性物种进化而来，而不是由草食性物种进化而来。

hǎi yáng shì jiè lǐ de dài mào
▶ 海洋世界里的玳瑁

小知识

chū fū chū de dài mào bǎo bǎo jǐng bù kě yǐ zì yóu shēn suō dàn shì bù néng shàng xià zuǒ yòu zhuǎn dòng

初孵出的玳瑁宝宝颈部可以自由伸缩，但是不能上下左右转动。

dài mào bǎo bǎo
玳瑁宝宝

zhèng zài xún zhǎo shí wù de dài mào
▲ 正在寻找食物的玳瑁

dài mào de jiǎ ké shì huáng hè sè shàng mian yǒu hēi
玳瑁的甲壳是黄褐色，上面有黑
bān fēi cháng píng huá yǒu guāng zé měi nián yuè
斑，非常平滑有光泽。每年 7~9 月，
tā men huì zài rè dài huò yà rè dài hǎi de shā tān shang jué
它们会在热带或亚热带海的沙滩上掘
kēng chǎn luǎn fū huà qī yuē wéi gè yuè chū fū chū de dài
坑产卵，孵化期约为3个月。初孵出的玳
mào bǎo bǎo jǐng bù kě yǐ zì yóu shēn suō dàn shì bù néng shàng xià zuǒ yòu zhuǎn dòng
瑁宝宝颈部可以自由伸缩，但是不能上下左右转动。

mì shí
觅食

dài mào xǐ huan zài shān hú jiāo dà lù jià huò shì zhǎng mǎn hè zǎo de qiǎn tān zhōng mì shí suī
玳瑁喜欢在珊瑚礁、大陆架或是长满褐藻的浅滩中觅食。虽
rán dài mào shì zá shí xìng dòng wù dàn zuì zhǔ yào de shí wù réng shì ruǎn tǐ dòng wù chú ruǎn tǐ dòng
然玳瑁是杂食性动物，但最主要的食物仍是软体动物。除软体动
wù wài tā men yě bǔ shí xiā xiè hé bèi lèi
物外，它们也捕食虾蟹和贝类。

xìng qíng xiōng měng
性情凶猛

dài mào xìng qíng shí fēn xiōng měng tā de shuāng è shí fēn yǒu lì kě yǐ yǎo suì xiè ké shèn
玳瑁性情十分凶猛，它的双颚十分有力，可以咬碎蟹壳，甚
zhì shì jí wéi jiān yìng hòu shí de bèi ké tā men de zuǐ xiàng gōu zi yī yàng kě yǐ qīng yì de bǔ
至是极为坚硬厚实的贝壳。它们的嘴像钩子一样，可以轻易地捕
shí shān hú fèng xì zhōng de xiǎo xiā hé wū zéi
食珊瑚缝隙中的小虾和乌贼。

dài mào
▼ 玳瑁

hǎi shé
海蛇

hǎi shé shì yī lèi zhōngshēngshēnghuó zài hǎi shuǐzhōng de dú shé tā men de tǐ xíng róu ruǎn xì cháng yǔ lù dì shang de shé fēi cháng xiāng sì dàn zuì dà de chā bié jiù shì hǎi shé de wěi bù shì biǎn píng de jiù xiàng huáchuányòng de jiǎng yī yàng kě yǐ tuī dòng tā zài shuǐzhōng yóu dòng zì rú

海蛇是一类终生生活在海水中的毒蛇。它们的体形柔软细长，与陆地上的蛇非常相似，但最大的差别就是海蛇的尾部是扁平的，就像划船用的桨一样，可以推动它在水中游动自如。

pí fū hū xī 皮肤呼吸

hǎi shéshēn tǐ biǎomiàn bèi yī céng lín piàn bāo guǒ zhe lín piàn xià miàn shì hòu hòu de pí fū hǎi shé de pí fū bù jǐn yǒushèn tòu xìng ér qiě hái kě yǐ hū xī yǎng qì tā tǐ nèi de yǎng qì shì yóu pí fū xī rù de

海蛇身体表面被一层鳞片包裹着，鳞片下面是厚厚的皮肤。海蛇的皮肤不仅有渗透性，而且还可以呼吸氧气，它体内30%的氧气是由皮肤“吸入”的。

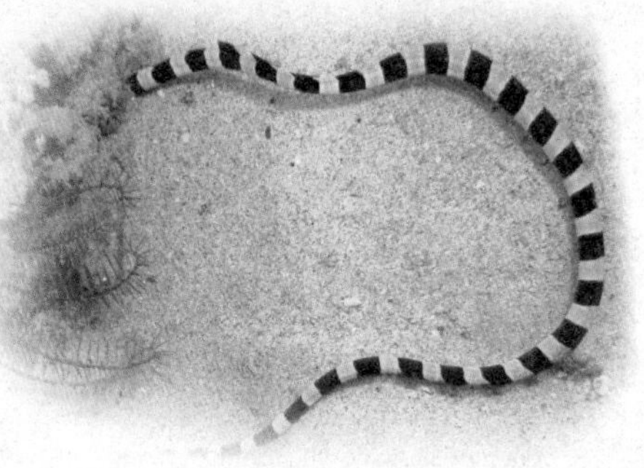

huī lán biǎn wěi hǎi shé
▲灰蓝扁尾海蛇

dú yá má zuì liè wù 毒牙麻醉猎物

hǎi shé shì yī zhǒng dú shé tā men jiān lì de yá chǐ yǔ dú yè néngjiāng liè wù má zuì rán hòu tūn xià qù yīn wèi yōngyǒu dú yá hǎi shé zài hào hàn de hǎi yángzhōng wú suǒ wèi jù héngxíng bà dào hǎi yīng hé qí tā ròu shí hǎi niǎo shì hǎi shé de tiān dí

海蛇是一种毒蛇，它们尖利的牙齿与毒液能将猎物麻醉，然后吞下去。因为拥有毒牙，海蛇在浩瀚的海洋中无所畏惧，横行霸道。海鹰和其他肉食海鸟是海蛇的天敌。

hǎi shé de dú shé tou
◀海蛇的毒舌头

小知识

hǎi shé yǔ lù dì
海蛇与陆地
shang de shé běn shì yī jiā
上的蛇本是一家，
yóu yú huán jìng biàn qiān ér
由于环境变迁而
zhuǎn yí dào dà hǎi lǐ
转移到大海里。

zhèng zài yóu dòng de hǎi shé
▶ 正在游动的海蛇

pái yán yǒu shù
排盐有术

hǎi shé tōng guò pí fū shèn tòu hé shí wù shè
海蛇通过皮肤渗透和食物摄
qǔ huì gěi tǐ nèi dài lái guò duō de yán fèn dàn
取，会给体内带来过多的盐分。但
tā jù yǒu tè shū de yán xiàn hé shé xià xiàn kě
它具有特殊的盐腺和舌下腺，可
yǐ pái chú tǐ nèi duō yú de yán fèn cháng jiàn de
以排除体内多余的盐分。常见的
hǎi shé yǒu qīng huán hǎi shé píng kē hǎi shé hé cháng
海蛇有青环海蛇、平颏海蛇和长
wěn hǎi shé
吻海蛇。

qī xī dì
栖息地

shì jiè shang yuē yǒu zhǒng hǎi shé wǒ
世界上约有50种海蛇，我
guó yuē yǒu zhǒng tā men zhǔ yào qī xī yú
国约有19种。它们主要栖息于
yán àn jìn hǎi tè bié shì bàn xián shuǐ hé kǒu yī
沿岸近海，特别是半咸水河口一
dài xǐ huan chī yú lèi xiǎo hǎi shé tǐ cháng
带，喜欢吃鱼类。小海蛇体长
yuē mǐ dà hǎi shé kě zhǎng dào mǐ zuǒ yòu
约0.5米，大海蛇可长到3米左右。

hǎi liè xī
海鬣蜥

hǎi liè xī yàng zi gǔ guài lìng rén hài pà yǒu rén bǎ tā men chēng zuò lóng qí shí tā men bìng bù shì lóng ér shì yī zhǒng liè xī tā men fēi cháng wēn shùn shì shì jiè shang wéi yī néng shì yīng hǎi yáng shēng huó de liè xī hé yú lèi yī yàng tā men néng zài hǎi lǐ zì yóu zì zài de yóu yì
海鬣蜥样子古怪，令人害怕，有人把它们称作“龙”，其实它们并不是龙，而是一种鬣蜥。它们非常温顺，是世界上唯一能适应海洋生活的鬣蜥，和鱼类一样，它们能在海里自由自在地游弋。

hǎi liè xī zhǎng zhe cháng cháng de wěi ba
▲ 海鬣蜥长着长长的尾巴

cháng wěi ba 长尾巴

hǎi liè xī shì yóu lù shēng liè xī jìn huà ér lái zài màn cháng de jìn huà guò chéng zhōng tā men de xíng tài fā shēng le yī xì liè biàn huà zuì míng xiǎn de shì wěi ba bǐ lù shēng liè xī de wěi ba cháng de duō zhè yàng tā men cái néng zài shuǐ lǐ suí xīn suǒ yù de yóu dòng
海鬣蜥是由陆生鬣蜥进化而来，在漫长的进化过程中，它们的形态发生了一系列变化。最明显的是尾巴比陆生鬣蜥的尾巴长得多，这样它们才能在水里随心所欲地游动。

tiě gōu zhuǎ 铁钩爪

hǎi liè xī de zhuǎ zi jiù xiàng yī gè tiě gōu jiān yìng yòu fēng lì zhè shǐ tā men bù jǐn néng gòu láo láo de pān fù zài àn biān de yán shí shang hái néng zài yǒu jiào dà hǎi liú de hǎi dǐ wěn wěn dāng dāng de pá lái pá qù xún zhǎo shí wù
海鬣蜥的爪子就像一个“铁钩”，坚硬又锋利，这使它们不仅能够牢牢地攀附在岸边的岩石上，还能在有较大海流的海底稳稳当当地爬来爬去，寻找食物。

hǎi liè xī zhǎng zhe fēng lì de zhuǎ zi
海鬣蜥长着锋利的爪子

xiǎo bái mào
“小白帽”

hǎi liè xī zhǎngxiàngchǒu lòu què fēi cháng ài měi tā menshēnshangyǒu yī gè zhù cún yán fèn
海鬣蜥长相丑陋，却非常爱美。它们身上有一个贮存盐分
de yán xiàn dāngyán xiàn cún mǎn hòu hǎi liè xī jiù huì dǎ pēn tì bǎ hán yán de yè tǐ shèxiàng
的盐腺，当盐腺存满后，海鬣蜥就会打喷嚏，把含盐的液体射向
kōngzhōnghòu luò zài zì jǐ tóushang děngyán yè biàngān hòu jiù xiàng dài zhe yī gè xiǎo bái mào
空中后落在自己头上，等盐液变干后，就像戴着一个“小白帽”。

gāoqiángběn lǐng
高强本领

hǎi liè xī běn shì kě bù xiǎo huì zì dòngtiáo jié xīn lǜ dāng
海鬣蜥本事可不小，会自动调节心率。当
tā men jìn rù hǎizhōng xià qián shí jiù huì ràng xīn shuàibiànmàn děngdào
它们进入海中下潜时，就会让心率变慢；等到
shēngdào shuǐmiàn shí tā menyòu huì bǎ xīn lǜ jiā kuài rú guǒ yù dào
升到水面时，它们又会把心律加快。如果遇到
shā yú tā men hái néng lì jí tíng zhǐ xīn zàngtiàodòng miǎnshòu qīn hài
鲨鱼，它们还能立即停止心脏跳动，免受侵害。

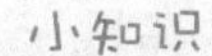

小知识

hǎi liè xī liàn ài
海鬣蜥恋爱
shí huì jiāng tǐ sè cóng huī
时，会将体色从灰
sè biàn chéng hēi sè hé xǔ
色变成黑色和许
duō hóng sè de bān diǎn
多红色的斑点。

yī zhī hǎi liè xī zhèng zài sì chù sōu xún shí wù
▼一只海鬣蜥正在四处搜寻食物

湾鳄

湾鳄，又名食人鳄、咸水鳄，位于湿地食物链的最高层，是鳄鱼品种中体型最大的。湾鳄成年后，体长一般可达3~7米，体重可达1吨，是现存世界上最大的爬行动物之一。

唯我独尊

湾鳄生活在热带和亚热带湿地，如河口、沼泽等地。它们对自己的地盘看管得非常严，一旦有其他动物侵入，雄鳄就会率领一群雌鳄一起出击，赶跑侵入者。

小知识

湾鳄是鳄目中唯一颈背没有大鳞片的鳄鱼，所以也被称为裸颈鳄。

▲ 湾鳄

shí rén è
“食人鳄”

wān è xìngqíng xiōngměng zhǔ yào yǐ dà xíng yú hǎi guī jù xī qín niǎo wéi shí yě bǔ shí yě lù yě niú děng yǎo hé lì chāoqiáng kě yǐ fěn suì hǎi guī de yìng jiǎ hé yě niú de gǔ tou yǒu shí wān è shèn zhì lián rén yě bù fàng guò yīn cǐ yě bèi chēngzuò shí rén è

湾鳄性情凶猛，主要以大型鱼、海龟、巨蜥、禽鸟为食，也捕食野鹿、野牛等，咬合力超强，可以粉碎海龟的硬甲和野牛的骨头。有时，湾鳄甚至连人也不放过，因此也被称作“食人鳄”。

yī qún wān è
▲一群湾鳄

xiāo yáo shí zú
逍遥十足

wān è jīngcháng huì qián zài shuǐ xià zhǐ bǎ yǎn jīng hé bí zi lù chū shuǐmiàn tā men de ěr duo hé yǎn jing fēi cháng líng mǐn rú guǒ yī yǒu fēng chuī cǎo dòng jiù huì lì jí chén rù shuǐzhōng zài yángguāng chōng zú de wǔ hòu tā men xǐ huan fú chū shuǐmiàn shài tài yáng xiāo yáo shí zú

湾鳄经常会潜在水下，只把眼睛和鼻子露出水面。它们的耳朵和眼睛非常灵敏，如果一有风吹草动，就会立即沉入水中。在阳光充足的午后，它们喜欢浮出水面晒太阳，逍遥十足。

shā shāng rì jūn
杀伤日军

zài dì èr cì shì jiè dà zhànzhōng de tài píngyángzhànzhēngzhōng duōmíng rì jūn céng zài mèng jiā lā wāndōng àn de lán lǐ dǎo zhōu wéi bèi wān è xí jī chéng wéi tā men kǒuzhōng de měi wèi jiā yáo zuì hòu jǐn zhǎo dào le míngxìng cún xià lái de rì jūn shì bīng

在第二次世界大战中的太平洋战争中，1000多名日军曾在孟加拉湾东岸的兰里岛周围被湾鳄袭击，成为它们口中的美味佳肴。最后，仅找到了20名幸存下来的日军士兵。

wān è tóu bù
▲湾鳄头部